TURING 图灵新知

写给青少年的数学故事

几何妙想

陈永明 著
刘思远 绘

下

人民邮电出版社
北　京

图书在版编目（CIP）数据

写给青少年的数学故事. 下, 几何妙想 / 陈永明著；
刘思远绘. -- 北京：人民邮电出版社，2021.1
（图灵新知）
ISBN 978-7-115-55176-4

Ⅰ. ①写… Ⅱ. ①陈… ②刘… Ⅲ. ①几何—青少年
读物 Ⅳ. ①O1-49

中国版本图书馆CIP数据核字(2020)第210550号

内 容 提 要

几何是数学学习的基础之一，借助几何学，我们能搭建房屋、丈量土地、观测星空，还能设计滑梯、装饰地板……连一副小小的七巧板都能催生出众多数学成果。本书从建筑、测量、图形游戏等角度讲述了有趣的几何小故事，不仅涉及直线形、圆、非圆曲线、立体等基础几何学知识，而且加入了图论、拓扑、组合几何、非欧几何等主题，"扩大"了美妙的几何世界。本书阐释了几何学知识，同时介绍了古今中外关于几何的逸闻趣事，展现了图与形的自然之美。本书尤其适合小学高年级学生和中学生阅读。

◆ 著　　　　陈永明
　　绘　　　　刘思远
　　责任编辑　戴　童
　　责任印制　周昇亮
◆ 人民邮电出版社出版发行　　北京市丰台区成寿寺路 11 号
　　邮编　100164　　电子邮件　315@ptpress.com.cn
　　网址　https://www.ptpress.com.cn
　　固安县铭成印刷有限公司印刷
◆ 开本：880×1230　1/32
　　印张：9.375　　　　　　　2021 年 1 月第 1 版
　　字数：210千字　　　　　　2025 年 2 月河北第 18 次印刷

定价：69.00元
读者服务热线：(010)84084456-6009　印装质量热线：(010)81055316
反盗版热线：(010)81055315

自　序

　　现在有不少青少年崇拜明星，我起初对此不是很理解，于是问了一位年轻朋友："这位明星到底有什么地方吸引你？"这位年轻朋友瞪着一双大眼睛，注视了我好久，最后反问一句："难道你年轻的时候没有偶像吗？"我回答说："我当年喜欢、尊敬的是科学家。"

　　这段对话虽然简短，却深深地反映了我和一部分年轻人之间的代沟。

　　在我求学的时代，全国推广了"向科学进军"的活动，祖冲之、门捷列夫、居里夫人等科学家成为我们当年崇拜的人物。那时，大家爱读科普书，如《十万个为什么》《趣味代数学》《趣味几何学》。同时，全国各地举办科学展览，我们也组织科学故事会，这些活动在我们那一代青年人心中种下了科学的种子。

　　遗憾的是，当年由于种种原因，鲜有国内作家的科普作品。其实在 1949 年之前，刘薰宇等人写了不少数学科普书。20 世纪五六十年代，为了推动中学生数学竞赛，一些著名的数学家为中学生做讲座。后来，这些讲座的内容被整理成书，并得以出版。这些作品深深地影响了一代人。

　　在这些科普作品中，最值得推崇的就是华罗庚先生的作品。他写了《从杨辉三角谈起》《从孙子的神奇妙算谈起》等著作，深受学生们的喜爱。华老作品的难度起点往往很低。他常常先提出一个简单的问题或介绍一种"笨办法"，之后娓娓道来，把数学内容一一讲清楚，最后一个"点睛之笔"，讲明这个问题与高等数学中某个深奥的知识点其实是一脉相承的。华老还会把数学史故事融合到讲座中去，有时还会赋诗一首。他的书成为数学科普读物的精品和典范。当年我刚参加工作，华老的书让我爱不释手。我那时就想：我也要学习写科普作品。于是，我无论遇到何种困难，多年来仍从不间断地阅读科普书籍。后来，我应出版社之邀开始写作，就一发不可收，写下了《等分圆周漫谈》《1+1=10——漫谈二进制数》《循环小数探秘》《漫谈近似分数》《"集合"就在你身边》《"数学脑袋"探秘》等作品。

数学科普作品不该总摆出一副"老面孔"，应该适当结合时代的发展。当然，新的数学成果往往很艰深，比起生物、物理等学科，尖端的数学知识更难于传授，但我们还是应该尽力而为。我在多年前写过一些作品，但随着时间流逝，科学在飞速地发展，如今又出现了很多新的素材。这次出版的《写给青少年的数学故事（上）：代数奇思》和《写给青少年的数学故事（下）：几何妙想》两本书，实际上是对之前作品的一次重塑：我修订了一些问题，也补充了一些新内容，目的是再现经典的数学故事，并尽量以读者们能够读得懂的方式，展现新的数学研究成果。希望大家能够喜欢。

最后，希望大家喜欢数学，热爱数学！

陈永明，2020 年 8 月，时年 80 岁

目　　录

第一篇

直线形

圆

非圆曲线

立 体

图 论 、 拓 扑 、 非 欧 几 何 等

直线形

陈省身语惊四座

1980 年，当代数学界的领袖级人物陈省身到北京大学做了一次学术报告。报告一开场，陈教授就语惊四座，他说："人们都说'三角形的内角和等于 180°'，这是不对的。"场内的观众被他的话惊呆了。"是陈教授口误了，还是自己听错了？"人们交头接耳地议论着。

此时，陈教授又开腔了："说'三角形的内角和等于 180°'不对，不是说这个结论不对，而是说这种看问题的方法不对。应该说'三角形的外角和等于 360°'才对。"陈省身为什么非要把这句话改过来呢？因为这样说更有普遍性，你看：

三角形的内角和等于 180°，外角和等于 360°；

（凸）四边形的内角和不等于 180°，但外角和仍等于 360°；

（凸）五边形的内角和不等于 180°，但外角和仍等于 360°；

……

而且，这个结论还可以推广。设想有一只小虫沿四边形的边爬行。当它爬到某一个顶点时，就要转过一个角度，继续爬；到第二个顶点时，又要转过一个角度……当它爬回原处的时候，它转过的角度的改变量的总和就是 360°。

即使是凹的四边形，这个结论还是成立的，不过，它转过的角度的改变量的"代数和"就是 360°。

设想小虫沿着一个圆周爬行。这时，它爬行的方向随时随地在改变。譬如，开始时，小虫在 A 点处逆时针爬行。它开始时面朝东，慢慢地面朝东北、北、西北……最后回到 A 点时，小虫又面朝东了。所以它的方向的改变量是 360°（图 1）。

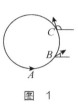

图 1

把视线从内角和转向外角和，"外角和是 360°"就可以被推广为"方向改变量是 360°"。陈教授在此基础上还研究了绕曲面上的一个封闭曲线"爬行"的问题，譬如绕地球赤道，或者北回归线"爬行"时的方向改变量。1944 年，陈省身找到了一般曲面上封闭曲线方向改变量总和的公式，这就是"高斯－比内－陈公式"，并在此基础上发展出"陈氏类"理论。这个理论在物理方面有重要的应用，被称为划时代的贡献。而这个理论始于转换视线——把注意力从内角和转到外角和！

科学家的眼光就是与众不同！

陈省身是当代的大数学家，在"纤维丛理论"的研究等方面取得了重要的成果。1954 年，物理学家、诺贝尔物理学奖获得者杨振宁创立了规范场论，直到 1974 年，杨振宁在同陈省身的交谈中发现，纤维丛理论正好是他想表达规范场的数学工具。而且，他得知纤维丛理论在 30 多年前就出现了。这时候，杨振宁感叹地说："这既令人惊奇，又令人困惑，你们数学家能够无中生有地幻想出这些概念来。"陈省身回答说："非也，非也，这些概念并不是幻想出来的，它们既是自然的，又是真实的。"

纤维丛的概念是怎么产生的？杨振宁说它是由数学家"无中生有"幻想出来的，而陈省身认为它是有真实背景的。不管怎样，如果没有数学家锐利的眼光，纤维丛的概念就不可能产生。若有真实背景尚且需要数学家的眼光，假如果真没有真实背景，确实是"无中生有"的话，那么更是如此。

陈省身小传

早些时候，我们只知道华罗庚、陈景润，其实，那时陈省身早已成为国际数学界的领袖人物。按杨振宁的说法，陈省身是继欧拉、高斯、黎曼和嘉当之后的微分几何的大师。

陈省身毕业于南开大学，师从姜立夫，曾在西南联大任教。陈省身是美国科学院院士、中国科学院外籍院士，沃尔夫奖获得者。他晚年定居中国，在 1992 年创办天津南开数学研究所，为我国的数学事业做出了重大贡献。2004 年，陈省身在天津逝世。国际数学联盟设立的"陈省身奖"堪称国际数学界最高级别的"终身成就奖"。

诱人的"三分角"问题

非难也,而是不能也

2000多年前,古希腊人提出了三个作图问题:三等分一个任意角、立方倍积和化圆为方,它们被称为几何三大"难"题。但是,我们在"难"字上加了个引号。这是为什么呢?

首先,如果不限制作图工具,那么这些问题可以说并不难,都解决得了。

其次,对使用的作图工具,古希腊的恩诺皮德斯提出过十分苛刻的条件,后来经过柏拉图、欧几里得等人提倡和修改,最后形成尺规作图的要求。按照尺规作图的要求,这三个作图问题不仅"难",而且实质上是不可能解决的问题。仅仅是古人以为能解,但又解不出,所以它们被称为难题。可见无论从哪个角度,"难"字上都应该打个引号。当时,恩诺皮德斯提出的条件是:

画图的时候只能用直尺和圆规,不能用其他工具;而且不能利用直尺上的刻度或者任何记号,甚至不能利用直尺的端点;更不能合并使用直尺、圆规,或者把几把直尺钉在一起使用。

有了这些限制条件后,直尺只能绘制这样的图形:经过已知的两点作一条直线,无限制地延长该直线。

圆规可画的图形是:以任意一点为圆心,过其他任意一点画一个圆,也就是以任意一点为圆心、以任意给定的长为半径画一个圆或一段弧。

其实，这种限制是没有道理的，可以说，这是作茧自缚、自寻烦恼。我国古代数学家走过的道路与古希腊学者完全不同。我国古代人民比较讲究实际，作图的时候没有尺规的限制。我国有这样一句话："没有规矩，不成方圆。"所谓"矩"，就是木工用的"直尺"，我国古代数学家在解题时是允许用"矩"的，但尺规作图中是禁止使用"矩"的。

当然，话又说回来，几何作图的三大"难"题被提出来以后，许多数学家为它绞尽脑汁，不得其解。1755年，由于众多数学家和数学爱好者研究三大"难"题都遭遇失败，因此法国巴黎科学院做了决定，不再接受关于三大"难"题的研究报告和论文，给过于热情的"难题迷"们浇了一盆冷水。渐渐地，有人开始怀疑这三大难题是否有解，由此推动了理论的发展。这算是自寻烦恼之余的意外收获吧！

这三个所谓的几何作图"难"题，直到近代才被证明是"尺规作图不能问题"。

1637年前后，笛卡儿创建解析几何，尺规作图的可能性才有了准则。

1837年，凡齐尔证明了不能用尺规"三等分一个任意角"和"立方倍积"。

1882年，林德曼证明了π是一个超越数，证得了用尺规"化圆为方"的问题的不可能性。

1895 年，克莱因总结了过去的研究成果，得到三大"难"题不能用尺规来作图的简单而明晰的证法，彻底解决了 2000 多年来的悬案。

一个苦果

三大"难"题之首是"三分角"问题。有人会说，三等分一个角有什么难的！于是就想动手试一试。的确，"三分角"问题是十分诱人的，但是这是一个苦果。

有些人之所以被"三分角"问题引诱，往往是因为他们认为将一个角二等分是很方便的，或者是因为将一些特殊角，譬如一个直角三等分是不难的。只要会画 60°或者 30°角，就可以将一个直角三等分。其实，虽然将一些特殊角三等分不难，但是要将一个任意角三等分却不简单，两者完全不可同日而语。

由于这个问题看起来那么简单，因此好多人往往不相信这是一个尺规作图不能解决的问题，都想动手试一试。

比如，有人认为，在图 1 中取 $OA = OB$，连接 AB，并将 AB 三等分（这是三等分一条线段的问题，很容易解决），得分点 A_1、A_2。于是，他们就以为 OA_1、OA_2 将 $\angle AOB$ 三等分了。其实，正确的做法是要将以 O 为圆心、OA 为半径的圆上的 AB 弧三等分。可惜，他们将弦 AB 三等分，当然是错的了。

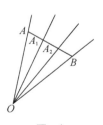

图 1

于是，有些人开始感到问题有点儿棘手了。大部分人感到不知所措，但还有一小部分人"不畏艰险"，继续探索。有些人有时竟然会为得到"解法"而欣喜若狂，以为解决了世界难题，于是告诉老师、给数学家写信或投稿到有关杂志社……我国前辈数学家余介石先生所著的《近代数学概论》一书中收集了许多三等分角的所谓"解法"，其实每个解法中都有一两个甚至更多隐藏的错误。这些解法都是不能成立的。

1946 年，四川省立科学馆出版的《科学月刊》发表了一种三等分角的作图法（图 2）。

在∠AOB 内，作菱形 COED，使 C、E 点分别在 AO、BO 上。取 ED 及 CD 的中点 F 及 G，连接 OF 及 OG。作者武断地说：

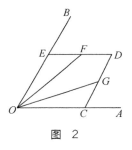

图 2

"∠AOG = ∠FOG = ∠FOB，即把∠AOB 三等分了。"

与其责怪作者幼稚，不如批评当年的"编辑大人"——名曰"科学"的月刊竟一点儿不懂科学！因为虽然∠AOG = ∠FOB，但并不等于∠FOG。稍有平面几何知识的人都可以证出这一点。

再如，1948 年，上海《大陆报》报道了上海的一名会计解决了"三分角"问题。之后，当时的通讯社又做了报道，说这是中国数学界的无上光荣。官方新闻一发表，一些缺少科学知识的人受到爱国心的驱动，颇为热血沸腾。但是，当时国内的有识之士却感到十分痛心，因为通讯社竟然对科学一窍不通，在全世界面前丢了丑，真是大出"洋"相！

后来，还是有不少青少年沉迷于"三分角"问题。华罗庚先生曾不断地收到相关稿件，最后不得不在《科学通报》第二卷第六期上发表文章《三分角问题》，劝告青少年不要在这个问题上浪费精力。他说："这一年来，我答复了二三十封关于三分角的信，这使我觉得有总结一下的必要，因为此项研究的发展会使聪明才智白白浪费！"

可惜，仍有一些青少年沉浸在"三分角"问题之中。南开大学吴大任教授也因为不断收到一些自称找到了用尺规三等分任意角的解法的来信，不得不于 1986 年在《中学生数理化》杂志上著文《谈三等分角问题》，谆谆劝导青年学生不要"误入歧途"。

曾经发生过这样一件事，一位网友针对几何学三大"难"题发表了一篇名为《向全国数学界工作者挑战：争霸数学千古难题》的文章，希望自己潜心研究了 35 年的成果能得到学术界的论证。这位网友只有初中学历，当时已经 60 多岁了。我们佩服他的精神，但不能不为他的无知感到惋惜。我也接触过这样的"三分角迷"。曾经有一位退休职工找到我，说他解决了"三分角"问题，并坚持要我审定。他画了有着密密麻麻线条的几何图，边上还写着做法，但我根本无法看懂，因为他使用的名词和数学语言都是自创的。过了许久，我才设法摆脱了他的纠缠。

古堡的传说

"三分角"问题是怎么来的？下面有一段美丽的传说。

在一座古城里，一座圆形的城堡里面住着一位公主。公主的卧室建立在圆心 O 处，卧室下边有一条小河（DE）流过，城堡的围墙上开了两扇门（A 和 B），从卧室 O 到 A 门有一条小路，从 A 门到 B 门也有一条小路，其间穿过小河 DE 处 C 有一座小桥。说来凑巧，AO 正好与 AC 相等（图 1）。

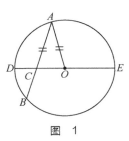

图 1

由于国王的寝宫与 B 门相近，因此国王在去看望公主的时候，总是从 B 门进，沿小路，过小桥到达 A 门，然后再折向 AO 小路，最后到达公主的卧室 O。但是，他们竟然没有想起要在 B 门与卧室 O 之间筑一条小道。或许是原有的小道两旁的风景比较优美，所以他们宁愿绕道而行吧。

几年以后，国王要为另一位公主建一座城堡。这位公主任性地要求国王，她的城堡要建造得与姐姐的城堡一样。国王觉得这样很有意思，就不假思索地答应了。

当为小公主建造的城堡的圆形围墙已经砌好，卧室、小河甚至 B 门也已经完工的时候，建筑师准备着手开 A 门、筑小道 AO 及 AB，并建小桥 C。就在这时，却发生了出乎建筑师意料的大问题：在数学上有相当根底的建筑师，竟然无法确定 A 门的位置。

怎么会这样呢？原来，在大公主的城堡里，小道 $AO = AC$。为了满足这一要求，要三等分一个角。我们分析一下就能明白了。

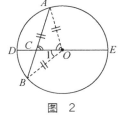

图 2

设 $\angle COB$ 为 $\angle 1$（图 2），则由于 $AO = AC = OB$，所以

$$\angle AOC = \angle ACO = \angle 1 + \angle B,$$

而

$$\angle A = \angle B,$$
$$\angle A + \angle ACO + \angle AOC = 180°,$$

所以

$$\angle B + (\angle 1 + \angle B) + (\angle 1 + \angle B) = 180°,$$

$$\angle B = \frac{1}{3}(180° - 2\angle 1)。$$

要将 $180° - 2\angle 1$ 三等分之后，才能得到 $\angle B$，这涉及"三分角"问题。

建筑师对此束手无策，只能如实向国王禀报。国王把能人贤士找来，也无法解决。最后，阿基米德解决了这个问题。他的方法是这样的（图 3）。

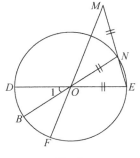

图 3

先以 B 为圆心，以 BD 为半径作弧，与圆周交点为 F，那么，$\angle EOF$ 就等于 $180° - 2\angle 1$。阿基米德接下去就要想办法将 $\angle EOF$ 三等分。

取一把直尺，刻上 M、N 两点，使 MN 等于圆 O 的半径，然后使它的一边紧靠着 E 点，适当移动，使 N 点落在圆周上，并使 M 点落在 FO 的延长线上。这时，因为 $MN = ON$，所以有

$$\angle M = \angle MON,$$

于是

$$
\begin{aligned}
\angle EOF &= \angle M + \angle MEO \\
&= \angle M + \angle ONE \\
&= \angle M + (\angle M + \angle MON) \\
&= 3\angle M,
\end{aligned}
$$

即

$$3\angle M = (180° - 2\angle 1),$$
$$\angle M = \frac{1}{3}(180° - 2\angle 1)。$$

可见 $\angle M$ 即我们所要求的角。有了 $\angle M$，我们就可以确定 A 门的位置。

当然，阿基米德的方法虽然只用了圆规和直尺，但是不符合尺规作图的要求。无论如何，他用这种方法帮助建筑师找到了 A 门的位置，否则，小公主的城堡就只能有一个 B 门了。

三分角的种种方法

用尺规作图的方法是不能将一个角三等分的，但是超越了尺规的限制，将一个角三等分的方法很多。用"三等分角器"可以将一个任意角三等分。下面两种三等分角器都是不错的。

第一种三等分角器由四根木条构成。其中两根 FA、FB 中间有槽，一端 F 用钉子或者其他铰接件连接起来。第三根木条一端铰接在 FA 上的定点 E，另一端和第四根木条铰接，铰接点为 O，并且 O 点在 FB 的槽里滑动。第四根木条 OC 的端点 C 在 FA 上的槽里滑动（图 1）。而且，有这样的关系：

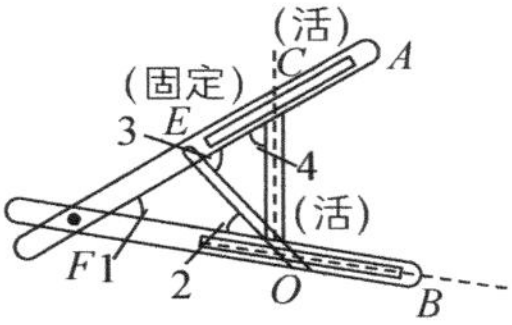

图 1

$$FE = OE = OC。$$

使用时，将这个三等分角器的 O 点和所给的角的顶点重合，OB、OC 和所给的角的两条边重合。那么，$\angle EOF$ 是 $\angle BOC$ 的 $\dfrac{1}{3}$。为什么呢？这是因为（图 2）

$$FE = OE = OC，$$

所以，

$$\angle 1 = \angle 2，$$
$$\angle 3 = \angle 4。$$

而 $\angle 3$ 是 $\triangle EOF$ 的外角，所以

$$\angle 3 = 2\angle 2。$$

$\angle BOC$ 是 $\triangle COF$ 的外角，所以

$$\angle BOC = \angle 4 + \angle 1$$
$$= \angle 3 + \angle 2$$
$$= 3\angle 2。$$

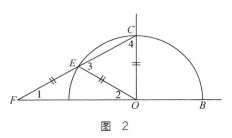

图 2

第二种三等分角器是一块纸板。这块纸板如图 3 所示，其中 $AB = OB$，BD 和半圆相切。使用时，将尺边 BD 紧靠着给出的角的顶点 N，并且使角的一边 NM 过 A 点，另一边 NR 和半圆相切，切点为 P。这时，$\angle MNR$ 被等分为 $\angle MNB$、$\angle BNO$ 和 $\angle ONR$。这只要利用全等三角形与圆的切线的知识，就可以得证。

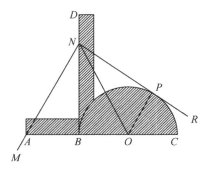

图 3

此外，用一些特殊曲线，如圆积线、蚌线、蜗线也可以将一个任意角三等分。有趣的是，级数也可以帮助解决三分角问题。我们知道，级数

$$\frac{1}{2} - \frac{1}{4} + \frac{1}{8} - \frac{1}{16} + \cdots$$

是一个等比级数，公比是 $-\dfrac{1}{2}$，所以它是个递缩的等比级数。利用无穷递缩等比级数的求和公式，有

$$\frac{1}{2} - \frac{1}{4} + \frac{1}{8} - \frac{1}{16} + \cdots = \frac{\dfrac{1}{2}}{1-\left(-\dfrac{1}{2}\right)} = \frac{1}{3} \,。$$

因此，我们将给定的角先二等分，再减去它的 $\dfrac{1}{4}$，加上它的 $\dfrac{1}{8}$，减去它的 $\dfrac{1}{16}$……注意，这些步骤都是可以用尺规作图做到的。也就是说，利用无限次尺规作图，可以将任意角三等分。由于涉及无限，因此这种方法实际上是办不到的，只能是理论上的结果。但是，利用这个方法可以近似地将任意角三等分，因为做到某个适当的时刻，就能得到给定角的 $\dfrac{1}{3}$ 的近似值。

"百牛定理"的昔和今

如果直角三角形的直角边长分别为 a、b，斜边长为 c，那么有 $a^2 + b^2 = c^2$。在国外，这条定理叫作毕达哥拉斯定理。由于中国古代把短的直角边叫"勾"，长的直角边叫"股"，斜边叫"弦"，因此在我国，这条定理被称为勾股定理。

毕达哥拉斯定理是如何被发现的？

中国人早就发现勾股定理了。相传大禹在治水时，就用边长是 3、4 和 5 的三角形来确定直角。大家知道，这是勾股定理的逆定理。

数学史家认为，最早从理论上证明毕达哥拉斯定理的是古希腊数学家毕达哥拉斯。毕达哥拉斯证明了这个定理后，欣喜若狂，认为是神给了他灵感，所以就宰了 100 头牛来酬谢神对他的默示（也有某些史学家认为，他用面粉做了 100 头"牛"作为贡品来祭神）。因此，这个定理又被称为"百牛定理"。

其实，神是不可能启示毕达哥拉斯的。那么，毕达哥拉斯是受到什么启发而证明出这条定理的呢？可惜，史籍中没有记载，只有下面一段传说。

毕达哥拉斯有个学生在一个叫克劳顿的地方遇到一个自称是世界上最伟大的数学家的人，这人扬言要与毕达哥拉斯举行一次公开的数学比赛。比赛的方法是轮流出十道题，限对方在半个月内公开解答。谁输了，谁就离开希腊，让对方占领克劳顿的讲坛。这位学生背着老师接受了挑战。他夜以继日地思考着对方出的题目，饭也吃不香，觉也睡不稳，终于在五天内解决了九道题。还有最后一道题，他怎么也解不出。他的异常举动被毕达哥拉斯察觉，于是，毕达哥拉斯追问他的学生遇到了什么麻烦。后者知道再也瞒不过老师，就把事情和盘托出。为了整个学派的声誉，他请求毕达哥拉斯开除他，由他一个人承担这件事情的后果。

毕达哥拉斯学派是由毕达哥拉斯与他的学生们组成的一个人数众多且带有政治色彩的学术团体。他们规定学派内的发现一律不许外传，而且所有发现都要记在毕达哥拉斯的功劳簿上。学生们违反了"教规"就要受到惩罚。贸然接受挑战的学生当然受到了毕达哥拉斯的训斥。但是，毕达哥拉斯为了学派的荣誉，决定由他自己来解这道难题。

题目是这样的：给出任意一个正方形，要求作出两个正方形，使这两个正方形面积的和与给出的正方形的面积相等。

毕达哥拉斯思索了一天，没有头绪。第二天一早，他到外面去散步，不知不觉走到一位朋友的家里。这位朋友刚从埃及讲学回来，很热情地接待了他。毕达哥拉斯坐在客厅里，一面听他的朋友讲话，一面注视着地面上的图案，渐渐地，毕达哥拉斯被这些图案吸引住了，甚至把他的朋友完全撇在一边。

原来客厅的地面是用正方形的石板一块一块地铺成的，而在毕达哥拉斯的脚旁有 6 块石板，不知是谁用炭笔画上了对角线，毕达哥拉斯伸手擦去几条对角线（图 1）。这样，中间一个直角三

角形的两条直角边上分别有一个正方形，
这两个正方形的面积之和正好等于斜边上
的正方形的面积（都等于直角三角形面积
的 4 倍）。

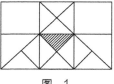

图　1

这样，任意给出一个正方形，只要以它的一边为斜边，作一
个等腰直角三角形，再在这个直角三角形两条直角边上分别作正
方形，就能得到题目所要求作出的两个正方形。

毕达哥拉斯起身告辞了朋友，回到家中继续研究："任意给
出一个正方形，以它的一边为斜边作一个直角三角形（不一定是
等腰的），再在两条直角边上分别作正方形。这是否也是题目中
所要求的正方形呢？"他终于找到了这个问题的答案。

第 15 天到了，人们聚集在克劳顿中心广场上。比赛一开始，
毕达哥拉斯的学生沉着地把问题一个个解答完。对方一看傻了眼，
只能服输。

我们知道，中国、古希腊、古埃及等都是古代文明的发源地。
尽管这些国家和地区位于地球上的不同地方，但是他们都很早地、
独立地发现了勾股定理。甚至有人认为，勾股定理是高级生物早
期文明的象征。

与外星人交流的工具

多少年来，人们一直在猜测，邻近的星球上有没有高级生命，
也就是外星人？如果其他星球上有其他高级生物存在，那么我们
怎么与他们联系？怎么让他们知道我们也是高级生物，而且生活

在地球上呢？

　　对他们说"您好"或者"hello"，他们肯定听不懂。那怎么办呢？这是一件十分难办的事。科学家都为此想方设法，献计献策，至今还没有满意的方案。据说，法国巴黎的一家科学研究机构曾专设一笔 10 万法郎的奖金，来奖励第一个能与外星人取得联系的人。

　　因为高级生物都应该懂得勾股定理，所以，有的数学家建议：

- 在西伯利亚种上宽宽的树木带，形成一个直角三角形；
- 在撒哈拉大沙漠挖三条构成直角三角形的大运河，然后往河里倒上石油，晚上点起火，其他星球上的高级生物可以通过仪器观察到这个景象，从而知道地球上也存在着高级生物，并设法和我们取得联系。

　　由于工程太大，这些办法都很难实现。华罗庚教授曾建议，让宇宙飞船带着三阶幻方（参见《写给青少年的数学故事（上）：代数奇思》）和如图 2 所示的图形飞到宇宙空间。图中是一个边长为 3：4：5 的直角三角形。

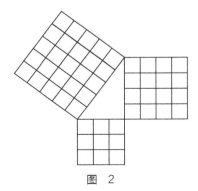

图　2

如果想让外星人知道我们还能证明勾股定理，那还可以带上"青朱出入图"。"青朱出入图"是我国古代证明勾股定理的方法。"青朱"是青色与红色，"出"就是"割去"，"入"意为"补入"，因此"青朱出入图"无非是在画了两种颜色的图上进行面积割补。

先画一个直角三角形 ABC，作 BC 和 AC 上的正方形 BCED 及 ACFG，分别画上红色和青色，再画 AB 上的正方形 ABHJ。按图 3，将标了"出"的部分割下，补在标了"入"的地方，就可以看出两个正方形 BCED 和 ACFG 被割补成大正方形 ABHJ，于是勾股定理得证（图 3）。

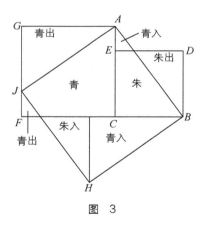

图 3

真没想到，2000 多年前被发现的古老的勾股定理，在今天探索宇宙奥秘的过程中还会发挥出新的作用。

勾股定理的趣证

勾股定理的证明吸引着不少人。2000 多年来，人们寻找新证明方法的努力从未间断过。到目前为止，人们已找到多达 500 种证明勾股定理的方法。有个美国人把散见在各种书刊中的证明方法搜集起来，自己出版了一本书。

在诸多证明方法中，有的非常有趣，有的包含了发现的故事，有的仅仅因为是名人发现的，所以就有了名气。这里介绍几种。

12 世纪的印度数学家婆什迦罗的证明是这样的：他画了一个图，然后在图旁写了两个字"请看"，就算证明好了（图 1）。

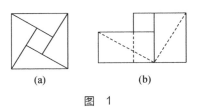

(a)　　　　　　　(b)

图　　1

图 1a 中是以一个直角三角形的斜边为一边的正方形，它被分成 5 块。这 5 块可以重新拼成图 1b。而图 1b 可以被看成两个正方形，即以原先的直角三角形的两条直角边为边的两个正方形。这样就证明了勾股定理。

美国前总统詹姆斯·加菲尔德是一位数学爱好者，他在当选总统之前，是美国俄亥俄州的共和党议员。在一次议会开会时，大家开起了"无轨电车"，讨论起数学题来了。加菲尔德提出了勾股定理的一个精彩证明，当即得到议员们的赞赏（图 2）。

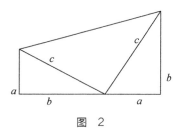

图 2

利用梯形面积公式，可以得到：

$$梯形面积 = \frac{1}{2}(a+b)(a+b)$$
$$= \frac{1}{2}(a^2 + 2ab + b^2)。$$

而这个梯形又是由 3 个直角三角形组成的，所以，

$$梯形面积 = \frac{1}{2}c^2 + \frac{1}{2}ab + \frac{1}{2}ab$$
$$= \frac{1}{2}(c^2 + 2ab)。$$

结合两式，可以得到

$$c^2 = a^2 + b^2。$$

这个证明后来发表在 1876 年 4 月 1 日美国波士顿出版的《新英格兰教育日志》上。1881 年，加菲尔德当选美国第二十任总统，可惜同年就去世了。

还有一个证法如图 3 所示。这个图告诉我们：在一个直角三角形外，分别以它的两条直角边为边画两个正方形；通过较大的

正方形的中心画两条线，一条平行于三角
形的斜边，另一条垂直于斜边，这样就把
这个正方形划分成相等的 4 块了；然后把
这 4 块和那个小正方形一起移来移去，终
于拼成图中虚线所组成的图形；这正好是
以斜边为一边的正方形，于是"直角边平
方和等于斜边的平方"得证了。

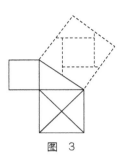

图　3

　　这是英国伦敦一位股票经纪人兼业余天文学家亨利·佩利哥
在 1930 年发现的一种水车翼轮法。它只需将图剪剪拼拼就可以了，
无须任何文字说明，真是一种简单明了的证法。他还别出心裁地
把这个图形印在自己的名片上，借此扩大自己的影响——他毕竟
是股票经纪人嘛，什么事情都要与自己的生意经挂起钩来！

　　我国历代数学家创造的证明勾股定理的方法不下 209 种，其
中大部分方法都是用割补法来证明的。下面仅拿梅文鼎的证法来
说明一下。

　　从图 4 中可以看出，若将边
长为 a 的正方形移至边长为 b 的
正方形 ACFG 的边 FG 上，然后
剪出两个直角三角形 ABC、BHD，
移至 AG 边和 FG 边，得到一个
边长为 c 的正方形 ABDE，于是
可得：

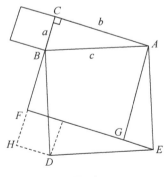

图　4

$$c^2 = a^2 + b^2。$$

笨人持竿要进屋

老一辈的数学教育家、科普作家许莼舫先生在生前有很多著作。在一本名为《古算趣味》的书里，许先生写下了这么一则有关勾股定理的笑话。

> 笨人持竿要进屋，
> 无奈门框拦住竹。
> 横多四尺竖多二，
> 没法急得放声哭。
> 有个自作聪明者，
> 教他斜竿对两角。
> 笨伯依言试一试，
> 不多不少刚抵足。
> 借问竿长多少数，
> 谁人算出我佩服。

这是一则很有趣的笑话，读了会使人暗暗发笑。"急得放声哭"的"笨伯"果然可笑，还有那位自作聪明者更使人发噱。其实大家都知道，这根本不需要把竹竿"横摆""竖摆"。只要将竹竿顺前后方向伸进门去，问题就解决了。

剔去可笑的成分，这里还给我们展现了一道题，我们不妨解一解。设竿长为 x，那么，因为"横多四尺竖多二"，所以门框宽是 $x-4$，门框高为 $x-2$。又因为"斜竿对两角""不多不少刚抵足"，所以，门框的对角线正巧等于 x。

根据勾股定理，

$$(x-4)^2 + (x-2)^2 = x^2,$$

可以解得

$$x = 10。$$

把许先生的笑话改一下，就成了另一道题。行，你读了之后，忍住笑，将题解一下。当然，解题过程中少不了勾股定理。

笨人持竿要进屋，

无奈门框拦住竹。

横多四尺竖多二，

没法急得放声哭。

有个自作聪明者，

教他斜竿对两角。

笨伯依言试一试，

竟然还多零点六。

智者毕竟有智慧，

转而劝慰笨伯说：

"要想持竿进家屋，

非得锯去六寸竹。"

笨人忍痛去锯竹，

一边眼泪往下落。

竹竿终于拿进屋，

破涕为笑报以肉。

周瑜折兵赔夫人，

笨人锯竹又赔肉。

赔本买卖却当福，

真是笨到无法说。

借问竿长多少数，

谁人算出我佩服。

斯坦纳问题

阿波罗巡视

据传说，古希腊人最尊敬的神之一阿波罗经常要去附近的三颗星星巡视，年年如此。一次，阿波罗在巡视之后觉得很疲劳。因此，他想把自己的星球挪挪位置，使自己巡视三颗星时走过的总距离最小。可惜，他身为神仙，却无法算出自己居住的星球应该挪到哪个位置上。后来，这个问题被称为"巡星问题"。

这当然仅仅是个传说而已。实际上，"巡星问题"是法国著名数学家费马向伽利略的学生、气压计的发明人托里拆利提出来的。托里拆利曾经用好几种方法解决了这个问题。虽然这个问题提出得比较早，但是，后人还是把这个问题和 19 世纪数学家斯坦纳联系在一起，把这个问题叫作"斯坦纳问题"。另外，匈牙利数学家黎兹也独立解决过这个问题。

数学史家认为，斯坦纳是近代最伟大的古典几何学家之一。近几百年来，几何学有了很大的发展，但发展的方向都和欧几里得几何不一致，诸如解析几何、微分几何、非欧几何、拓扑……利用欧几里得几何方法研究几何的人却不多，而斯坦纳就是很突出的一个。斯坦纳出生在瑞士的一个农家，在 14 岁时才学会了读书写字。后来，他对几何入了迷，常常思考到深夜。他在一篇日记里提到了这样的情形："1814 年 12 月 10 日，星期六，思考（3 + 4 + 4）小时，凌晨 1 时得解。"

"斯坦纳问题"的数学表述是这样的：在一个三角形内找一个点，使它到三个顶点的距离的总和最小。这个点如果存在，那它就叫作"费马点"。费马点在哪里呢？

如果有一个△ABC，在△ABC 的每条边上向外作等边三角形，这三个等边三角形的外接圆一定交于一点。这个公共交点就是费马点。用 P 表示费马点，连接 PA、PB、PC（图 1），很快可以算出

$$\angle APB = \angle BPC = \angle CPA = 120°。$$

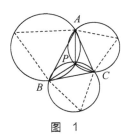

图　1

所以，人们有时候又用下面这句话来定义费马点：如果三角形中有一点与三角形的每一边都张成一个 120°的角，那么这个点就叫作费马点。可以证明这个点 P 到△ABC 的三个顶点的距离和最小。由于证法过于复杂，我们这里就不介绍了。

皂膜实验

十分有趣的是，除了几何方法外，用物理方法也可以找到我们所需的费马点。下面就是一个例子，即著名的皂膜实验。

按比例把△ABC 画在一块平木板上，并在 A、B、C 三个点上分别钉上钉子。然后在木板和钉子上涂上肥皂水，再在中间吹一

个肥皂泡，使肥皂泡的边缘恰好跟三根钉子接触（图 2）。接着，在一块玻璃上也涂上肥皂水，轻轻地盖在肥皂泡上，肥皂泡就成为三段弧形膜（图 3）。

图 2　　　　　　　　　　图 3

然后用针刺破其中的任意一段弧形膜。其他两段膜迅速滑移成三段相交的平面膜（图 4）。这三段肥皂膜之间的夹角，正好两两都是 120°。交叉点 P 就是费马点。

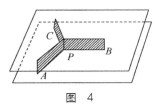

图 4

为什么肥皂膜可以帮助我们找到费马点呢？这是由于肥皂膜的收缩力总要将其表面积收缩到最小。

费马点在实际生活中有很多应用。举一个简单的例子。有三个村子 A、B、C，它们在平面上的位置如图 5 所示（单位是米），要在这三个村子之间开设一个广播站，使所用的电线最少，也就是使三个村子到这个广播站的距离和最短。设计这个最佳方案实质上就是求费马点。

通过计算可以知道，如果点 P 就是广播站的所在地，那么 $PA = 1800$ 米，$PB = 700$ 米，$PC = 1500$ 米。这个广播站到三个村子的总距离是 4000 米。这是所有设计中的最佳方案（图 6），这样做所用的电线最少。

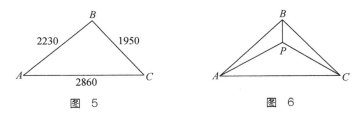

图 5　　　　　　图 6

需要补充一句，如果△ABC 有一个角，譬如∠A 大于或等于 120°，那么，A 点就是广播站的最佳位置。

施坦因豪斯的三村办学问题

　　某乡为了满足广大适龄儿童学习的需要，决定在 A、B、C 三个村庄之间建造一所小学。这个小学建在哪里比较合适呢？三个村庄的代表各抒己见，提出了好几个方案，最后一致认为，应该使三个村庄的所有孩子到小学所走的路程的总和最小。

　　注意，这与"斯坦纳问题"不同。斯坦纳问题研究的是，三个村到某点的总距离最短。但是，这里可不是这么回事儿了。如果 A 村有 50 个孩子，B 村有 80 个孩子，C 村有 100 个孩子，而 A、B、C 三个村到小学的距离分别为 m、n、p，那么应该使

$$50m + 80n + 100p$$

最小，而不是使距离总和 $m + n + p$ 最小。所以，这个"三村办学问题"是"斯坦纳问题"的推广。

　　这个问题的计算很不简单，需要用到高等数学。但是科学家巧妙地设计了一个机械装置，"算"起来既方便又迅速，人人都能做。

　　把画有这三个村庄的地图贴在一块木板上，在表示三个村庄的位置的 A、B、C 三点上各钻一个小孔。然后把木板水平架空，例如可以架在两张桌子的中间。把三根涂过蜡的细绳儿分别穿过三个小孔。三根线的下端分别接上重量和该村孩子数对应的砝码。假如三个村的孩子数如前面所说，三个砝码分别可以取 500 克、

800 克和 1000 克。把三根细绳儿的另一端系在一起，手松开绳结，三个砝码就会拖着细绳儿往下落，最后，绳结被拖着移到某一个位置 P 点静止下来。P 点就是最理想的建造小学的地方（图 1）。

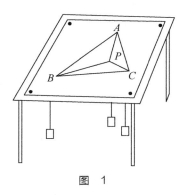

图 1

要是三个村庄的孩子数差不多，P 点就在费马点附近；要是某个村庄的孩子特别多，超过了另外两个村庄的孩子的总和，比如 A 村有 50 人，B 村有 80 人，C 村有 200 人，则相当于 200 个孩子对应的砝码将把绳结一直拖到 C 孔附近，这就表明学校应该建造在 C 村附近。

这个机械装置能很快地"算"出答案，难怪有人把它叫作"重力模拟计算机"呢!

"三村办学问题"是由 20 世纪的波兰数学家施坦因豪斯在其一本科普名著《数学万花镜》里提出来的，重力模拟方法也是他提出来的。

施坦因豪斯生于 1887 年，死于 1972 年，他和巴拿赫是波兰数学学派的重要人物。这个学派的工作方式颇为别致。他们常常到一家名为"苏格兰"的咖啡馆一起喝咖啡，边喝边讨论问题，讨论时还免不了吵吵闹闹。大数学家乌拉姆年轻时参加过这种活动，深感获益匪浅，所以专门写了一本《苏格兰咖啡馆回忆录》。数学家们在咖啡馆讨论的内容由人记录在一本笔记本上，这本笔记本由咖啡馆的老板派人专门保管。后来，第二次世界大战爆发，波兰的学校被毁坏，知识分子遭摧残。但是，这本笔记本竟然被巴拿赫夫人奇迹般地保存了下来，成为研究数学和波兰学派的重要资料。

最短的网络和堵丁柱的新成果

某地有四个城镇 A、B、C、D，它们的位置恰好构成一个边长 100 千米的正方形。近年来通信事业发展很快，四个城镇决定合资建造光缆通信网络。由于经费有限，光缆要铺设得尽可能短些。负责设计的小组把这个意图告诉全体居民，公开征求最佳方案。很快，一个个方案被提交上来（图 1）。

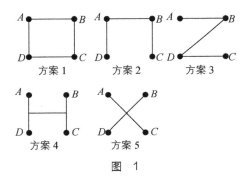

图 1

方案 1 建议沿正方形四边铺设光缆。光缆全长达到

$$100 \times 4 = 400（千米），$$

这显然不够经济，于是方案 1 立刻被否决了。

有人提出修改的建议，不用沿正方形的四条边铺设，只要沿三条边铺设就可以了，于是光缆全长只有

$$100 \times 3 = 300（千米），$$

这是方案 2。

方案 3 建议采用 "Z" 形路线。因为该正方形的对角线的距离是

$$\sqrt{100^2 + 100^2} \approx 141（千米），$$

所以光缆全长是

$$100 \times 2 + 141 = 341（千米），$$

方案 3 还没有方案 2 好，当然被否定了。

有人进一步建议采用方案 4：改用 "H" 形路线。这样光缆总长可以减少到

$$100 \times 3 = 300（千米），$$

结果和方案 2 相同。

方案 5 更简洁，用 "X" 形路线联结各城镇，于是光缆总长只有

$$2\sqrt{100^2 + 100^2} \approx 283（千米）。$$

到此为止，网络设计小组认为已经找到最佳方案了。不料没过几天，一个年轻人送来了第六种方案，把光缆总长又缩减了 10 千米。

这个方案如图 2 所示。它由五条线段组成，网络中有两个 "结点"，每个 "结点" 由三条线段交汇而成。这三条线段构成三个 120° 的角。可以算出，光缆总长为 273 千米。

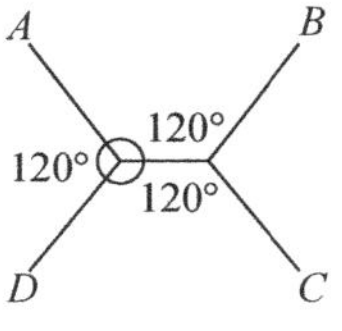

图　2

看来，在这六个方案里，第六种方案最好，于是网络设计小组决定采纳这个方案。设计小组在具体的设计建造过程中发现，按这个方案建造通信网络的关键是找到两个"结点"。可是，怎么找到这两个结点呢？利用几何知识，可以找到这个最佳方案。

（1）以 AD 和 BC 为边，向正方形外作正三角形 ADF 及 BCE。

（2）作 $\triangle ADF$ 及 $\triangle BCE$ 的外接圆。

（3）连接 EF，与 $\triangle ADF$、$\triangle BCE$ 的外接圆分别交于 H、G，连接 AH、DH、BG、CG 和 HG（图3）。

那么"结点"H 和 G 就找到了，相应的光缆 AH、DH、HG、BG、CG 的总长一定最短。这是可以证明的。

这个方法还适用于一些非正方形的四边形（图4）。容易看出，这实际上是"斯坦纳问题"的另一种性质的推广。

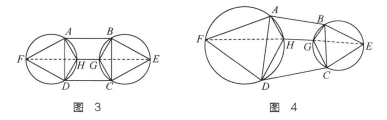

图3　　　　　　　　　图4

有趣的是，不用纯几何的方法，只要做一下"皂膜实验"就可以找到这个最优网络。在玻璃板上安置四根小棒，小棒的位置和四个城镇的位置一样构成正方形。接着在玻璃板上吹一个大大的肥皂泡，让肥皂泡覆盖四根小棒。然后压上另一块玻璃板，再用针挑破肥皂泡，于是由肥皂泡形成的皂膜迅速滑到了如图5所示的位置。由于肥皂膜有收缩力，因此它最后在玻璃板上的位置必然是这个问题的最佳方案。

虽然"皂膜实验"做起来麻烦些，但是它可以推广到任意多个城镇，这些城镇也可以有各种各样的布局情形。只要

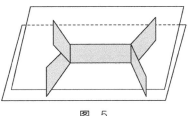

图　5

将肥皂泡挑破，连接各小棒间的肥皂膜就形成了，而这些肥皂膜就形成了最优网络。要知道，当城镇很多，而且城镇布局不规则时，用纯几何办法解决问题是很难的。

最短网络问题的实用价值很大。斯坦纳和以后的数学家都知道，增加"结点"可以使连接所给出的各点的总路程更短一些，如同上面说的第六种方案。但是究竟能够缩短多少？没有人能够说明这一点。1968 年，两位美国数学家提出一个猜想：用增加"结点"的办法，网络的总长度最多可以减少 13.4%，即 $\dfrac{2-\sqrt{3}}{2}$。这个比例被称为"斯坦纳比"。这个猜想被公布以后，引起了世界上许多数学家的兴趣，但数学家经过多年的奋战，还是没有什么进展。于是，这个猜想就成为公认的难题。

1987 年，美国贝尔电话公司在计算费用时遇到过类似的问题。中国青年数学家、中科院应用数学研究所的堵丁柱研究员从 1990 年起就和贝尔实验室的黄光明合作，终于在 1992 年解决了这个问题，证明这个猜想是正确的。《大不列颠百科全书 1992 年鉴》将这个成果列为该年"六大数学成果"的第一名。

现在，最短网络问题成为图论中最小生成树的重要内容。

施瓦茨三角形

有三条河流交汇成一个三角形，每条河流都有一个管理局。这三个管理局之间常常需要协作，所以想在各自的河流上建造一个管理站。现在，人们希望这三个管理站之间的总路程最短。用几何的语言来说，就是在一个已知 $\triangle ABC$ 内，作一个周长最短的内接三角形。

这个问题是意大利数学家法尼亚诺在 1775 年提出的，并由德国数学家施瓦茨首先找到了答案。

所求的三角形是 $\triangle ABC$ 的垂足三角形，即作 $\triangle ABC$ 的三条垂线 AD、BE、CF，垂足 D、E、F 构成的 $\triangle DEF$。在 $\triangle ABC$ 的所有内接三角形中，$\triangle DEF$ 的周长最短。所以，一个三角形的垂足三角形又叫施瓦茨三角形。

纯几何的办法是复杂、枯燥无味的，我们用模型的办法来加以解释。

做一个三角形（$\triangle ABC$）的纸片，在这个三角形内画好垂足三角形（$\triangle DEF$），以及一个任意的内接三角形。假定垂足三角形的三条边长是 a、b、c，另一个内接三角形的边长是 u、v、w。然后以 $\triangle ABC$ 为样板，再画五个同样的三角形。这样，我们一共有六个同样的三角形了。

如图 1 所示，先把一个三角形放在桌上，然后紧贴着它的边

AC 在其右侧拼上一个三角形,使它和 $\triangle ABC$ 关于 AC 对称。这时,
这两个三角形的垂足三角形也关于 AC 对称,两个三角形中的内接
三角形也关于 AC 对称。注意,原 $\triangle ABC$ 里的垂足三角形的一
边 FE(它的长度是 a)和 $\triangle AB_1C$ 里的垂足三角形的边 ED_1(它的
长是 c)正巧成一条直线。

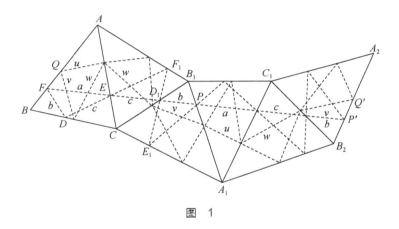

图　1

再拼上第三个三角形,使它和 $\triangle AB_1C$ 关于 B_1C 对称,注意
$\triangle A_1B_1C$ 里的 D_1P(长是 b)和 $\triangle AB_1C$ 里的 ED_1 正巧成一条直线。
这时,垂足三角形的周长转化为一条线段(FP)的长了。

再如图 1 那样拼上三个三角形。图 1 中的 FP' 的长是垂足三
角形 DEF 的周长的 2 倍。我们再看另一个内接三角形。这个内接
三角形也出现了 6 次,我们可以在图中仔细寻找,有一条折线弯
弯曲曲地从第一个三角形延伸到第六个三角形,它的长是这个内
接三角形的周长($w+u+v$)的 2 倍。

两点间直线段的长度最短,这是平面几何最基本的一条原理。

因此这条折线的长大于线段 QQ' 的长，而因为 AB 平行于 A_2B_2，QQ' 平行于 FP'，所以 QQ' 和 FP' 是等长的。于是，我们就证明了垂足三角形的周长比任何一个内接三角形的周长都短。有趣的是，垂足三角形的这个周长最短的性质和光线也有关系。

设想 $\triangle ABC$ 的三条边是光滑的镜面。如果从垂足 D 向 AC 边上的 E 射出一条光线，经过镜面的反射，它一定射向 F 点；再经过 AB 的反射，一定射向 D 点；然后，再反射到 E、F、D……周而复始。如果把 $\triangle ABC$ 看成一个光滑的桌面，在这个特殊的桌面上打台球的话，假如从垂足 D 向 AC 边上的 E 打出一个球，经过 AC 边的反射，它一定射向 F 点；再经过 AB 的反射，一定射向 D 点；然后，再反射到 E、F、D……周而复始，直到运动停止。

光线为什么只在 D、E、F 三个点之间兜圈子呢？道理十分简单。垂足三角形有一个性质，就是原 $\triangle ABC$ 的高平分垂足三角形的内角（图2）。即

$$\angle EDA = \angle ADF,$$

$$\angle DEB = \angle BEF,$$

$$\angle EFC = \angle CFD。$$

入射角等于反射角，这是光学的基本原理。上面说的现象背后，就是这个规律在起作用。在通常情况下，光线总是选择最短的路线行进，垂足三角形之所以是内接三角形中周长最短的，就是这个道理。

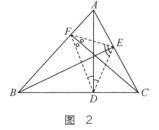

图 2

幸福结局问题和数学怪侠

幸福的大结局

匈牙利这个国家虽不大，却是个数学大国。数学竞赛传统就起源于匈牙利。同时，匈牙利还出过好多著名的数学家，当代杰出数学家保罗·埃尔德什就是其中之一。下面的故事和埃尔德什有关。

1933 年，埃尔德什和一些数学爱好者聚会，当然，谈话内容离不开数学。当时的数学爱好者往往男多女少。在一次聚会上，一位名叫埃丝特·克莱因的女孩出现在大家的眼前，引得男孩们的注目。这个女孩不是等闲之辈，她提出了一个问题，向在场的男孩们挑战，让大家刮目相看。

若在平面上随便画五个点，其中任意三点不共线，那么一定有四个点构成一个凸四边形（图 1）。

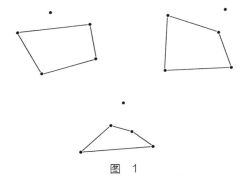

图　1

女孩声称，她已经证明了这个结论。

全场肃静，男孩们拿出纸笔研究起她的问题来。最后，竟然没有人能够证出这个结论。有几位不服输的男孩真想找个地洞钻钻。女孩很得意，把证明过程讲了一遍，没办法，男孩们只得乖乖认输。

在场的男孩中，除了保罗·埃尔德什之外，还有一位叫塞凯赖什的男孩。这小哥俩后来对这个问题进行了深入研究，得到了更强的结果——这算是那次聚会的一个成果了。

然而故事不止于此，在那次聚会之后，塞凯赖什和克莱因互生爱慕之心——这个数学问题给两人带来了好运。最终，他们在 1937 年结了婚，有情人终成眷属！塞凯赖什和克莱因这对数学家夫妇的爱情故事的大结局很完美，在结婚后的近 70 年里，二人几乎从未分开过。2005 年，塞凯赖什和克莱因在同一天相继离开人世，时间相差不到一小时。

这段爱情故事以一个数学问题开场，最终结出了丰硕、美好的果实，所以这个数学问题被称为"幸福结局问题"。

数学怪侠

在这个故事里，保罗·埃尔德什作为"电灯泡"是不是有些难受呢？他有没有在中间捣乱？没有。因为他不懂爱情——埃尔德什是个"情盲"，这三个朋友从未有过太多龃龉。事实上，埃尔德什终生未婚。埃尔德什心里只有数学，装不下其他东西。他是个数学天才，又是个怪才。

我们知道，欧拉是一位高产作家，但你知道埃尔德什一生写了多少篇论文吗？你根本想象不出来：1475 篇论文！他几乎一个月就有两篇论文面世。这个数量仅次于欧拉的成绩，可以说，他是"欧拉二世"。埃尔德什的论文涉及面非常广，包括数论、图论、组合论、概率论等。他还提出了八个猜想。

我国古代有位徐霞客，走遍了中华大地；意大利有个马可·波罗，不远万里周游列国。埃尔德什就是现代数学界的徐霞客和马可·波罗。这位匈牙利犹太人没有固定职业，喜欢到处"流窜"，周游列国。不过，他不是为了欣赏各国的美景，而是喜欢和世界各地的数学家们展开合作研究，因此，他经常被称为"数学游侠"。

一次，埃尔德什竟然和列车员讨论起了数学问题，最后，两人合作写了一篇论文。他与人合作的广度可想而知。

埃尔德什和华罗庚也有联系，为此，当年的美国移民局还差一点儿不让埃尔德什入境。二人联系的信件里写的都是数学符号，保不准那都是密语吧？

埃尔德什把数学看得比自己的生命还重。他的一只眼睛失明了，医院好不容易找到了合适的眼角膜，让他尽快手术。但是，埃尔德什正准备去另一座城市做报告，说什么也不肯住院治疗。在医生的再三劝说下，埃尔德什好不容易进了手术室。然而，他在手术室里大声抱怨灯光太暗，害得自己不能看书。最后，医生不得不请来一位数学家和他交谈，才顺利安抚了他。

埃尔德什在 1996 年去世，那一年他已经 83 岁了。在做报告的时候，他突然晕倒，好不容易醒过来，心里还是惦记着数学："大家不要走，我还有两个问题要讲。"

埃尔德什十分关心下一代数学家的成长。有一年，埃尔德什到澳大利亚讲学，年仅 8 岁的陶哲轩专门去拜见他，并受到了他的鼓励。有趣的是，英国媒体曾在 2010 年评选"十大数学天才"，埃尔德什和陶哲轩都榜上有名。

"何不归"问题

这是一个很古老的问题：一位农民的家和土地都在河的一侧，这位农民每天劳作之后都要到河里洗刷农具，然后才回家。问：他应该走怎样的路线，才能使走的路程最短？

这个问题被数学化之后，就成了这样一个几何问题：

直线 MN 的一侧，有 A、B 两点，要在 MN 上找一点 P，使 $AP + PB$ 最短。

古希腊的海伦受到光线总是走最短路线的启发，提出了一个办法，完善地解决了这个问题。这类问题被称为"海伦的光线问题"。海伦的方法是这样的：设想 MN 是一面镜子，并在 A 处射出一束光线，经过镜子的反射射向 B，那么光线所走的路线就是农民应该走的路线。

这个问题的几何处理方法是这样的：画 A 点关于直线 MN 的对称点 A'，连接 $A'B$，和 MN 交于 P，则 $AP + PB$ 是最短的（图 1）。

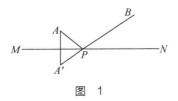

图 1

到了 17 世纪，法国数学家费马听到了一个故事：一群士兵在 *A* 处训练，突然营房 *B* 处失火。将军指挥士兵跑步到小河 *MN* 取水，然后到 *B* 处救火。而且将军估测了 *P* 点的位置，使 *AP* + *PB* 最短。火很快被扑灭了。将军事后很得意，因为他运用了数学原理。

费马听了以后大不以为然。他说士兵跑到河边是空着手的，然后用钢盔盛水跑向营房，速度肯定要放慢。因为如果跑快了，钢盔里的水就泼出来了。费马认为，不如将取水点 *P* 向营房方向移动一些，效果肯定更好。这样，空手时跑的距离长了些，花费的时间可能反而更少了。

无独有偶，欧洲还流传着这么一个故事。一个在外打工的小伙子，因为老父亲病危，急急忙忙赶回家。他回家有两个方案：一个方案是走大路，然后走一小段沼泽地，但是从地图上看这是走了弯路；另一个方案是走笔直的路，但全是沼泽地。小伙子想笔直的路线一定是最短的，所以选择了后者。可惜他的选择是错的。当他赶到家里的时候，老父亲刚刚断气。小伙子十分伤心，邻居告诉他，老人临终时，急切地想和儿子见上一面，嘴里不断呼叫着："何不归？何不归？……"

看来，路程最短不等于时间最省。尽管光线的路线从长度来说是最短的，但所花的时间并不是在任何情况下都最少。费马看出了其中的问题，着手研究它。费马发现，行进的时间当然和长度有关，一般来说，路程越长，费时就越多些；但是，时间还与速度有关，速度越快，花费的时间当然就越少些。但是，究竟时间最省的路线是怎样的呢？一时难以求出。后来，费马从光线的折射现象中得到启发。

我们知道，光线在同一种介质中行进反射时，入射角等于反射角。光线原理就是建立在入射角等于反射角的基础上的。人们发现光线在不同的介质里行进时，比如从空气中射向水里，光线会产生折射。1637 年，笛卡儿在讨论光线的折射现象时，已经证明了一个定律：入射角的正弦和反射角的正弦的比，等于光线在这两种介质中行进的速度比，即

$$\sin\alpha : \sin\beta = v_1 : v_2。$$

其中，α 和 β 分别是入射角和反射角，v_1 和 v_2 分别是光线在第一种和第二种介质中行进的速度。原来，光线在经过两种不同的介质时，还是沿着最短的路线行进的，不过，光线不是沿着路程最短的路线行进的，而是沿着时间最短的路线行进的（图 2）。

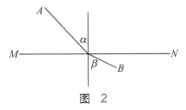

图　2

这个公式是正确的。后来，费马发现笛卡儿的证明中有漏洞，于是进行了批判。哪知道，费马的论文里也有错误，这引起了双

方长达 10 年的论战。

士兵取水救火问题和"何不归"问题都可以用这个公式解决。根据这个公式，再经过一系列的计算，将军可以借助士兵空手行进的速度和用钢盔盛水行进的速度，找到最合适的取水点。打工的小伙子也可以凭借在大道上行进的速度和在沼泽地里行进的速度，算出应该在大道上走一段路程之后，再转入沼泽地行走。这样，说不定他能和父亲见上一面。

"尺寸"趣谈

一天，一艘英国的大帆船驶进了新西兰，引起当地土著居民毛利人的围观。只见毛利人的酋长沿着船身，一会儿躺下，一会儿爬起来，再躺下，再爬起……忙得汗流浃背。

"这是在干什么呢？"英国船员很奇怪，可毛利人并不感到奇怪，看着自己的酋长爬上爬下，嘴里还喊叫着，似乎在数数。原来，当时的毛利人是以酋长的身高作为长度单位的，酋长这样爬上爬下，就是为了测量大帆船的长度。以自己的身高作为本部落的长度标准，确实够有权威的，但是，酋长常常要亲自出马丈量，也够辛苦的。酋长大概还不清楚，就算要以自己的身高作为长度的标准，也可以用一根与自己身长一样的木棒来代替啊！如果懂得了这一点，他就不会那么辛苦了。

以人的某个身体部位、某个移动距离作为长度单位，这是很多国家都有过的传统，譬如我国的"虎口""步"……在很古老的年代，这样"毛估估"就够了。然而，等出现商品交换的时候，就需要把长度标准统一起来。这时，就要请出一个权威人士，以他的某个身体部位或某个动作距离作为标准，比如毛利酋长的身高。

这种事情也不是个例。传说在 8 世纪末，罗马帝国的查理大帝受理了一起重大的经济纠纷。他听了双方的陈诉，原来纠纷涉及长度的计算。公说公有理，婆说婆有理，关键是没有统一的长度标准。查理大帝一时想不出解决办法，竟然急得两脚一伸，晕了过去。侍臣以为皇帝的意思是把他伸出来的脚作为长度标准，急忙按住他的脚量下了长度。不久后，罗马帝国宫廷正式宣布，以查理大帝的脚的长度为 1 英尺。时至今日，英语里的"英尺"和"脚"还是同一个词：foot。

10 世纪初，英格兰国王亨利一世规定，他手臂向前平举时，拇指指尖到鼻尖的长度为 1 码。传说，英格兰国王埃德加又规定，他的大拇指的宽度为 1 英寸。每个国王都想显示一下自己的威风，结果呢，把长度单位搞得乱七八糟。你看：

$$1 \text{ 码} = 3 \text{ 英尺}，$$
$$1 \text{ 英尺} = 12 \text{ 英寸}。$$

既不是十进制，又不是十二进制，真是不伦不类。

长度单位以及其他单位不统一，小则会引起麻烦，大则会引起社会混乱。在我国，从古代一直到新中国成立之前，长度单位实际上没有得到过统一。这主要是因为某些地主和商人想通过制造"假尺"获得非法利润。"大斗进，小斗出"是家常便饭。"南人适北，视升为斗"，就是在说南北朝时期各地的度量衡单位差距很大。这是容器方面的情况，长度的情况其实也是一样的。表 1 展示了几个地方的"尺"的实际长度，最"长"的"尺"竟然大约是最"短"的"尺"的 2 倍。

表　1

地　　点	尺名或使用行业	折合标准市尺
福州	旧木尺	0.598 市尺
苏州	旧营造尺	0.728 市尺
上海	旧木工尺	0.848 市尺
北京	旧裁尺	0.994 市尺
成都	旧木尺	1.000 市尺
无锡	旧布尺	1.162 市尺

　　这样混乱的度量衡制度，一定会对社会产生负面作用，因此必须统一度量衡制度。

神奇的测亩尺

要测量一块地的面积，即地积，一般先用米尺量出几个量，然后用面积公式进行计算。因为用的是米尺，所以算出的面积单位通常是平方米。但是，平时我国农民所说的地积却以"亩"为单位，因此，还得把平方米化为亩。

因为 1 亩约等于 666.7 平方米，所以把平方米化成亩要除以 666.7，或乘以 666.7 的倒数，即乘以 0.0015。一个比较简便的方法是使用"加半向左移三法"，即将平方米数加上自己的一半（注意，这相当于将平方米数乘以 1.5），然后将小数点向左移动 3 位（这相当于乘以 0.001），两步合起来，相当于乘以 0.0015。

有了"加半向左移三法"，换算固然更方便了，但毕竟还要算一算。在新中国成立以后，对一些文化程度不高的人来说，单位换算还是有不少困难。为此，有人设计了一把特殊的尺子，几乎无须计算就可以得出土地的亩数。

如图 1 所示，这把尺子的正面是普通米尺的刻度，反面的刻度比较特殊。怎么特殊呢？在普通米尺刻 1 米的地方刻 1.5 个单位（我们暂且用带引号的米来表示，即"米"），在刻 2 米的地方刻上 3"米"。不难算出，在普通米尺的 $\frac{2}{3}$ 米处刻 2"米"。

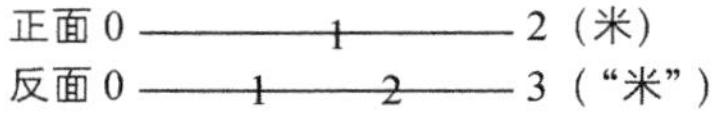

```
正面 0 ————————1————————2（米）
反面 0 ————1————2————3（"米"）
```

图　1

米与"米"的换算关系是：

$$1 \text{ 米} = 1.5 \text{ "米"},$$
$$1 \text{ "米"} = \frac{2}{3} \text{ 米}。$$

现在用这把特制的"测亩尺"来测量一块长 60 米、宽 40 米的长方形的地积。先用尺的正面去量长方形的一边，量得长边为 60 米；再用尺的反面去量长方形的另一边，量得的数据不是 40 米，而是 60 "米"。然后，将这两个数据相乘，得

$$60 \times 60 = 3600。$$

最后，将小数点向左移动 3 位，得到长方形的地积是 3.6 亩。

我们通过检验可知这个结论是正确的。为什么呢？原来，利用 1 米 = 1.5 "米"，可知

$$
\begin{aligned}
&60 \text{ 米} \times 40 \text{ 米} \\
&= 60 \text{ 米} \times 40 \times 1.5 \text{ "米"} \\
&= 60 \text{ 米} \times 60 \text{ "米"}。
\end{aligned}
$$

也就是说，米数与"米"数的积就是米数与米数的积的 1.5 倍（已经"加半"了）。所以只需将米数与"米"数的积（3600）再"向左移 3 位"就可以得到亩数了。

还有一种测亩的绳尺，为了讲清它的原理，我们先以河床截面积为例，介绍一种测算法。

为算出如图 2 的河床截面积，可以用一根绳尺在相对的 A、B 两点绷紧。假设河宽 AB 是 7 米。然后，在离 A 点 1 米、2 米……

处测河深。设这些点的深度为 h_1, h_2, h_3, …。把 h_1, h_2, h_3, …的数值加起来，就是河床截面的面积。为什么呢？

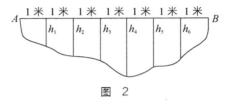

图 2

河床截面被 6 条测深线分成 7 块，其中左、右两块可看成直角三角形，其余部分都可看成直角梯形。自左至右，7 块图形的面积分别近似等于

$$\frac{1}{2} \times h_1 \times 1, \ \frac{1}{2} \times (h_1 + h_2) \times 1, \ \frac{1}{2}(h_2 + h_3) \times 1, \ \cdots, \ \frac{1}{2} \times h_6 \times 1 \ 。$$

所以河床的截面积是：

$$
\begin{aligned}
S &= \frac{1}{2} \times h_1 \times 1 + \frac{1}{2} \times (h_1 + h_2) \times 1 + \frac{1}{2}(h_2 + h_3) \times 1 + \cdots \\
&\quad + \frac{1}{2}(h_5 + h_6) \times 1 + \frac{1}{2} \times h_6 \times 1 \\
&= (h_1 + h_2 + \cdots + h_6) \times 1 \\
&= h_1 + h_2 + \cdots + h_6 \ （平方米）。
\end{aligned}
$$

这是一种很方便的方法。对于一般图形的面积，也可利用与它类似的方法测算。如图 3 所示，可以选择适当的位置，绷紧绳子 AB。在距 A 处 1 米、2 米……处，量出土地的宽度 h_1, h_2, h_3, …。显然这块土地的面积就是

$$S = h_1 + h_2 + \cdots + h_5 \ （平方米）。$$

有了上面的两个例子，我们就可以介绍测亩的绳尺了。用一根绳，每间隔 6 尺（即 2 米）系上一个红线结，然后选择适当的位置绷紧绳尺，对于图 4 中所画的土地可在 AB 处拉紧绳尺。在每个红线结处量土地的宽度，用尺做单位。设为 l_1 与 l_2 尺。那么，将 l_1 与 l_2 相加，再将小数点向左移动 3 位，正巧就是土地的亩数。

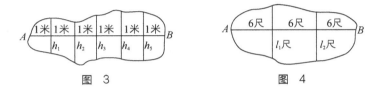

图 3　　　　　　　　　　图 4

比如，l_1 是 7.1 尺，l_2 是 8.3 尺，那么它们的和就是

$$7.1 + 8.3 = 15.4（尺）。$$

再将小数点向左移 3 位，这块土地的面积为 0.0154 亩。

为什么呢？从河床的截面积公式的推导过程中可以看出，这块土地的面积应该是

$$S = (l_1 + l_2) \times 6（平方尺），$$

但因为 1 亩等于 6000 平方尺，所以

$$S = (l_1 + l_2) \times 6 \div 6000（亩）$$
$$= (l_1 + l_2) \div 1000（亩）。$$

可见，将土地宽度之和中的小数点向左移动 3 位，就能得到这块土地的亩数。用绳尺测亩真是太方便了。

骗人的地积公式

新中国成立后，农村开展了土地改革运动。工作的第一阶段就是要摸清情况，了解各户拥有的土地亩数。就在调查土地亩数的时候，发生了一个难解的问题。

那时候，我国农村的田地有如老和尚身上的百衲衣，零零碎碎的，东一片、西一片，形状大多不规则。有一个佃农租种了地主的一块不规则四边形的地。这个佃农反映说："地主讲这块地有 4 亩 8 分，我觉得不对劲。"

"怎么不对劲呢？"工作队员问。

"我这块地是 4 亩 8 分，旁边一块方方正正的地也是 4 亩 8 分。有一年，我地里的庄稼长势比他家的好，但是收割下来，产量却不如他家的高。"

"难道这地的亩数里有文章？"

工作队员决定进行调查，很快弄清了在丈量这种不规则四边形土地的时候，地主用两组对边中点连线长度的乘积作为面积。有的工作队员学过几何与代数，却没听说过这样的计算公式。经过研究才发现，这是一个骗人的地积公式，因为四边形真正的面积总小于两组对边中点连线的长度的乘积。

为了让农民弄懂这个道理，工作队员用拼剪方法来证明这个事实。

把四边形沿对边中点连线划成 4 块（图 1），重新拼成图 2 的形状，自然，图 1 和图 2 的面积相等。

图 1

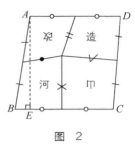

图 2

把图 1 中四边形的各边中点依次相连，可以得到一个平行四边形。我们能用三角形中位线定理立刻证明这点。因为平行四边形对角线互相平分，所以图 1 中四边形的两条对边的中点连线互相平分。

图 2 中四边形的上下一组对边是由图 1 中水平的中点连线演变来的，所以它们相等。同理，四边形的左右一组对边也相等。因此这个四边形是平行四边形。如图 2 所示，因为

$$S_{ABCD} = BC \times AE$$
$$< BC \times CD，$$

所以，除了矩形外，平行四边形的面积总是小于两条邻边的乘积。但是地主恰恰是把图 2 这样的平行四边形面积当作两条邻边的积来计算的，所以计算结果必定大于它的真实面积，当然也就大于图 1 的不规则四边形的真实面积。

当工作队员揭开这一秘密的时候，几个贫农怒不可遏，说："这些地主就是欺负咱们没文化！"

据调查，当年北方地主大多采用这一方法计算不规则四边形土地面积，而南方地主则用四边形两组对边的平均数的乘积作为土地的面积。这样算出的"地积"比真实地积大得更多，南方地主比北方地主的骗人手段更恶劣！下面我们来证明一下。

在图 1 四边形的右边拼上同样的一个四边形（图 3），我们容易知道

$$AB /\!/ CD，AB = CD，AC /\!/ EF，AC = EF。$$

因为三角形的两边之和大于第三边，所以

$$AG + GC > EF，$$

即

$$\frac{1}{2}(AG + GC) > EO，$$

$$\frac{1}{2}(AG + BH) > EO。$$

这就是说，四边形一组对边边长的平均值大于另一组对边中点的连线长。因此，两组对边边长的平均数的乘积大于两组对边中点的连线长的乘积，也就是说，南方地主的计算结果比北方地主的计算结果还要大。

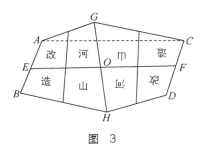

图　3

一颗"更美味、更营养、更容易砸开的核桃"

英语中 12 个月的名字 January、February 等各有来历，且貌似毫无规律，有的月份用神的名字命名，有的则用帝王的名字命名。譬如，古罗马的恺撒大帝生于 7 月，他死后，7 月就用他的名字"儒勒"命名，即 July；而 8 月又用另一位皇帝"奥古斯都"的名字命名，所以叫 August。这就苦了学英语的人了！

有人异想天开地说，不如把英语 12 个月的名字改一改，1 月就叫 Monthone，2 月就叫 Monthtwo……这样学起来就不费吹灰之力了。你赞成吗？不管你赞不赞成，这种改变实施起来肯定困难。

这位异想天开的人是谁呢？他就是著名的数学家张景中院士。张景中一贯主张把数学变得容易一些。他认为，知识的组织方式和学习的难易有密切关系，正如上面说的英语 12 个月的名字，如果"改良"一下，大家马上就能理解、记住，学起来就容易多了。

张景中还把"数学教育"这个为人熟知的名词改成了"教育数学"。他把学数学比作吃核桃，核桃仁要砸开了才能吃到。有些核桃是"嵌肉核桃"，如果砸得不得法，即使砸开了还是很难吃到核桃仁。"数学教育"研究的是如何"砸核桃""吃核桃仁"；而"教育数学"则研究改良"核桃"的品种，让"核桃"更美味、更有营养，更容易砸开、吃净。这个道理简单明了。张景中院士对最难学的几何进行了改造，让它变成一颗"更美味、更营养、更容易砸开的核桃"。

读者或许有体会，初中的平面几何有难度，不少同学就此对数学产生了畏惧心理，当然，也有同学就此产生浓厚的兴趣。几何的证明实在是数学学习的分水岭。很多优秀的教师总结了不少证题方法，但没有一个方法是万能的。那么，能不能找到一个像代数一样的公式，或者像辗转相除法那样的一套算法？特别是，随着计算机的蓬勃发展，能不能请计算机来帮我们证明几何题呢？

我来告诉大家吧，这已经不是梦想了！

平面几何证明的算法化已经被吴文俊院士和张景中院士解决了，也就是说，计算机可以证明几何题。特别是，张院士的方法还是"可读"的，也就是说，张院士的证明无须特别的计算机编程知识，常人也可以看懂。

那么计算机是怎么证明几何问题的呢？除了程序知识之外，涉及几何本身的策略又是怎样的呢？张景中院士提供的策略叫消点法，思路十分容易懂，不过要有点儿预备知识。消点法的基础是面积法，下面是面积法的有关定理。

第一个是"共高定理"：如果两个三角形的高相同，那么这两个三角形面积的比等于底的比。这个道理非常明显，因为三角形面积公式是底乘高除以 2，现在高相同，面积的比当然等于底的比了。如图 1 所示，若 M 在直线 AB 上，P 为直线 AB 外一点，则有 $\dfrac{S_{\triangle PAM}}{S_{\triangle PBM}} = \dfrac{AM}{BM}$。

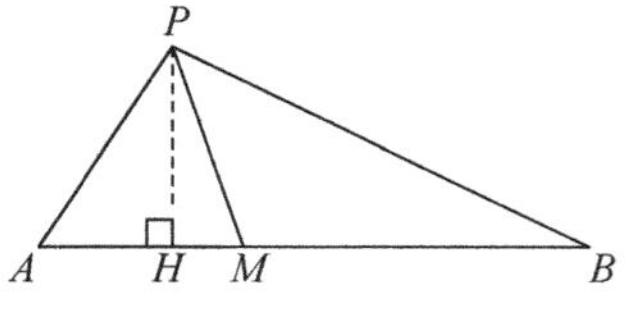

图 1

第二个是"共边定理"：如果两个三角形的底相同，那么

（1）这两个三角形面积的比等于高的比；

（2）这两个三角形另一个顶点连线 AB 和底（或它的延长线）交于 M，那么两个三角形的面积的比等于 $AM:BM$。

如图 2 所示，若两直线 AB 和 PQ 交于 M，则有 $\dfrac{S_{\triangle QPA}}{S_{\triangle QPB}} = \dfrac{AM}{BM}$。

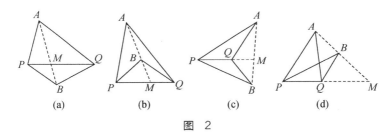

图　2

（1）是显然的。在证明（2）的时候，只要分别过 A、B 作 PQ 的垂线，利用相似三角形的知识，就可以证明 $AM:BM$ 等于两个三角形的高的比。于是（2）得证。很简单吧，这里没有什么深奥的知识。

下面看怎么用这两个定理来证明几何题，要特别注意证明的思路——消点法。

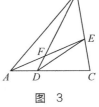

图　3

例：已知，如图 3 所示，在 $\triangle ABC$ 中，$AD:DC=1:2$，$BE:EC=3:2$，求 $BF:DF$。

下面是分析过程。

把图中的 6 个点分为 3 组：第一组为点 A、B、C，我们把这

组点叫作自由点，这些点不受其他条件的约束（前提条件是点 A、B、C 不共线）。第二组为点 D、E，这两个点由第一组点约束产生。什么意思？有了 A 和 C 两点，才有 D 点（因为 $AD:DC=1:2$，D 点是把 AC 分成 $1:2$ 的分割点），同样，有了 B 和 C 两点才有 E 点。第三组为点 F，有了 AE 和 BD 才有 F 点，就是说有了前面 5 个点才有 F 点。

我们把第一组点叫作自由点，后两组点叫作约束点，也就是由自由点经过某种约束产生。而且约束点之间也有先后关系，即自由点 A、B、C 先产生了约束点 D、E（约束的级别比较高）后产生了约束点 F（约束的级别比较低）。这种点之间的制约关系，对解题至关重要。

约束点 D、E 既然由自由点 A、B、C 确定，那么肯定可以用自由点 A、B、C 之间的数量关系表示出来。同样，低级的约束点 F，肯定可以用自由点 A、B、C 和高级约束点 D、E 的数量关系表示出来。解题思路如下。

第一步：因为 $\triangle AED$ 和 $\triangle AEB$ 有共同的底 AE，根据"共边定理"（2），$\dfrac{DF}{FB}=\dfrac{S_{\triangle ADE}}{S_{\triangle AEB}}$。注意，等式的右边没有了 F 点，形象地说，F 点被"消去"了。

第二步：我们先对上式做点变换。把右边的分子和分母同乘 $S_{\triangle AEC}$，然后将式子转化为两个分式的积。

$$\frac{S_{\triangle ADE}}{S_{\triangle AEB}}=\frac{S_{\triangle ADE}}{S_{\triangle AEC}}\cdot\frac{S_{\triangle AEC}}{S_{\triangle AEB}}\,.$$

　　右边第一个分式涉及的两个三角形△AED 和△AEC 有共同的高，于是它们的面积比应等于底的比：$AD:AC = 1:3$。注意：E 点被消去了！同理，第二个分式等于 $EC:BE = 2:3$。于是，

$$\frac{DF}{FB} = \frac{S_{\triangle ADE}}{S_{\triangle AEB}} = \frac{S_{\triangle ADE}}{S_{\triangle AEC}} \cdot \frac{S_{\triangle AEC}}{S_{\triangle AEB}} = \frac{AD}{AC} \cdot \frac{EC}{BE} = \frac{1}{3} \cdot \frac{2}{3} = \frac{2}{9}。$$

　　这么难的一道题，就这么证明完了。既没有添加辅助线，也没有用到任何高级的定理。

　　可以看出，这个证法很古板。约束点可以用自由点的关系表示出来，从而被消去。同样，级别低的约束点可以用级别高的约束点和自由点表示，从而被消去。最终，得到的是关于自由点的关系式，此时这个题一定被证明了。

　　这个几何证明是"算法化"的。它使用的消点法的原始想法一点儿都不花哨，一点儿都不复杂，可以说非常简单——大道至简，就是层层剥壳，回归本源。

　　一些学校正在实验张院士的这套理论。上海市张江集团学校的黄喆老师做了不少有益的尝试，四川的赖虎强老师已经在大量实验的基础上写出了专著。

　　张景中院士曾是北京大学数学系的优秀学生，1957 年曾赴新疆在初中教书。改革开放之后，张景中被调回研究机构工作。所以，他既有作为中学教师的实践经验，又有科学家的眼光。

诺模图

　　工程技术人员在设计中常常要处理大量烦琐的数据，这种运算是很费时间的。19 世纪末，法国数学家菲尔贝特·德·奥卡涅深入研究了图形与数值之间的关系，从而提出一种借助图形代替演算的观点。他把这类图形称为"诺模图"（中国也译作"算图"），并且亲手制成第一批诺模图。用诺模图计算有关数据时，只要在图上略微比画几下即可得到结果，所以诺模图一问世，立刻受到了工程师们的热烈欢迎。后来，世界各国都出版发行了各种有关诺模图的著作，比如《电子诺模图》《船舶设计专用诺模图》，等等。

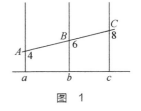

图　1

　　最简单的诺模图是求平均数的诺模图。在图 1 中，有 3 条平行线，它们间的距离相等，上面都有同样的刻度。如果要求 4 和 8 的算术平均数，只要在 a 线上找到刻度 4（A 点），在 c 线上找到刻度 8（C 点），用一把尺子紧靠 A、C 两点，假定这把尺子和 b 线的交点是 B，那么，B 点的刻度一定是 4 和 8 的算术平均数——6。这道理是很简单的，只要知道梯形中位线定理就会知道其中的奥秘。

　　如果将 b 线上的刻度变一变，将原来刻"1"的地方改为"2"，将刻"2"的地方改为"4"……显然，原来刻"6"的地方被改为"12"了，那么新的诺模图就变成一个求两数之和的诺模图了。

　　物理学中，计算并联电阻的总电阻值的公式是这样的：

$$\frac{1}{R} = \frac{1}{R_1} + \frac{1}{R_2}$$

我们知道，如果 R、R_1、R_2 中有两个电阻是已知的，那么求另一个未知的电阻就相当于解一个分式方程。

帮助计算总电阻 R 的诺模图（图 2）是由 O 点出发的三条射线 a、b、c 组成的，其中 a 和 b、b 和 c 都相交成 60°，每条射线上都有同样的刻度。使用时，在射线 a 上找到对应于 R_1 的点 A，在射线 c 上找到对应于 R_2 的点 C，用直尺连接 AC，直尺与射线 b 的交点 B 的读数就是 R 的值。如图 2 所示，$R_1 = 75$，$R_2 = 50$，如果图中标注了刻度，就可以从图中直接看出 $R = 30$，这里我们只给出示意图。

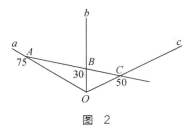

图　2

如果已知 R 和 R_1（或 R_2），同样也能把另一个电阻 R_2（或 R_1）求出来。

这个诺模图在光学中也很有用。因为物、像、焦点三者到透镜的距离，有如下关系：

$$\frac{1}{h} = \frac{1}{f} + \frac{1}{g} 。$$

它和电阻公式完全一样，所以也可以用上面的诺模图帮助计算。

小学数学中的"工程问题"是比较难的一类应用题。例如，甲管单独开放，75 分钟可以将水池注满；乙管单独开放，50 分钟可以将水池注满。问两管同时开放，几分钟可以将水池注满？

因为甲管单独开放要花 75 分钟注满水池，所以甲管 1 分钟灌了水池的 $\dfrac{1}{75}$；乙管单独开放要花 50 分钟灌满水池，所以乙管 1 分钟灌了水池的 $\dfrac{1}{50}$。两管同时开放，1 分钟能灌水池的

$$\frac{1}{75}+\frac{1}{50}。$$

设两管一起开，x 分钟可以注满水池，则一分钟可灌满水池的 $\dfrac{1}{x}$，从而得到

$$\frac{1}{x}=\frac{1}{75}+\frac{1}{50}。$$

求这个 x，和上述求电阻的方法完全类似，所以也可以用这个诺模图来解上面的方程。

如果读者有一定的平面几何知识，完全可以自己动手证明这个诺模图的正确性。

"合二为一"

我们在日常生活中常常会碰到这种事情：把一张纸、一块布由大块截成小块是一件容易的事，但如果反过来，有时候就很难办了。例如有两块正方形的布，一块每边长 124 厘米，另一块每边长 68 厘米，怎么将它们拼成一个大正方形呢？

有人会想，将小正方形平均分成 4 个长条，围在另一个正方形旁边，就可以得到一个大正方形了。经过实验，我们发现 4 个长条围在另一个正方形两旁还有余料，也就是说，这样拼成的不是一个正方形。我们可以改进方法，用图示的方法来拼。

按图 1 所示，将两个正方形并排放在一起，沿折线 *ABC* 剪开，再按图 2 拼起来，就可得到一个大正方形了。

实际上，这种方法是经过面积计算得到的。因为这两个正方形的总面积应该是

$$124^2 + 68^2$$
$$= 15\,376 + 4624$$
$$= 20\,000（平方厘米）。$$

所以拼成的大正方形的边长为 $\sqrt{20\,000} = 100\sqrt{2}$（厘米）。要正确拼出这个长度，只要在边长为 124 厘米的正方形边上再拼一个边长为 100 厘米的正方形，因为边长是 100 厘米的正方形的对角线长就是 $100\sqrt{2}$ 厘米，由此就可以画出 *AB′*，它就等于 $100\sqrt{2}$ 厘米。

然后以 *A* 为圆心，以 *AB'* 长为半径画弧，使其与正方形交于 *B*，连接 *AB*、*BC*，沿折线 *ABC* 将所给的两个正方形剪开（图 1）。再按图 2 重新拼合，就可以得到"合二为一"的大正方形。

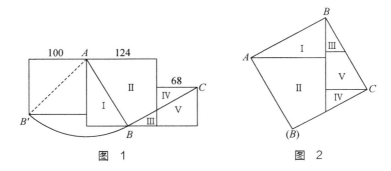

图 1   图 2

但是，这种方法还不算最简单。如果借助勾股定理，不但可以避免计算，而且可以剪裁拼合任意大小的两块布。只要按照图 3 所示的方法裁剪拼合就可以了。

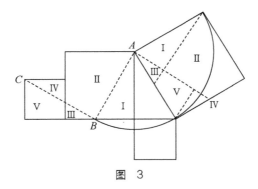

图 3

当然，有时候你碰到的是两个同样大小的正方形，要把它们拼成一个大正方形就更简单了。只要将其中一个正方形沿对角线剪成 4 块，拼到另一个正方形上去，就成了一个大正方形（图 4）。

上面我们学会了如何把两个同样大小的正方形合成一个大正方形。接下去我们研究怎样将 3 个、4 个、5 个……正方形拼合为一个大正方形。

将 4 个正方形拼成一个大正方形是很容易的，我们在这里就不谈了。

将 5 个正方形拼成一个大的正方形，可以如图 5 这样做。

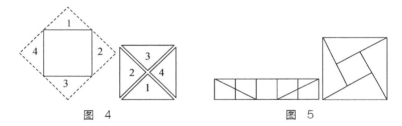

图 4   图 5

然而，最难的是将 3 个正方形拼成一个大正方形，这是古代留下来的难题。请看图 6。

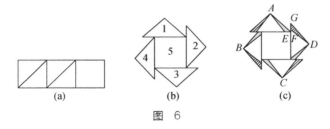

(a)   (b)   (c)

图 6

这个方法是阿拉伯数学家艾布·瓦法首先发明的。把其中两个小正方形沿对角线剪开（图 6a），然后把所得到的四个直角三角形拼在另一个正方形的四周（图 6b），所得到的图形像是一个小孩子的玩具"纸风车"，哪里像一个大正方形啊！可是，瓦法来了一个"拆东墙，补西墙"，在图 6c 中，连接 *AB*、*BC*、

CD、*DA*，这四条线围成一个大正方形。把正方形外的部分割下来，正巧能补在正方形里面。这个构思真巧妙，让人拍案叫绝！

这个方法好是好，可惜分割的块数多了一点儿——9 块。20 世纪初，英国数学家亨利·杜德尼提出了一个新方法。先将三个正方形并排，以图中的 *A* 点为圆心，以 *AD* 的长为半径画弧，和 *CG* 延长线交于 *B*。在 *DC* 上截取 *DE*，在 *GH* 上截取 *FG*，使 *DE* = *FG* = *BC*，然后连接 *HE*，作 *FJ* ⊥ *HG*，和 *HE* 交于 *J*。这样，整个图形就被分成 6 块（图 7a）。把它们重新拼合，就可以得到一个大正方形（图 7b）。

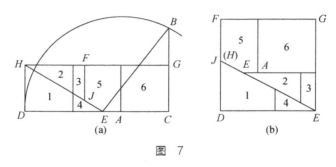

图 7

这个方法的理由也不难说清。首先，注意 △*ABC*，

$$AC = 1，AB = AD = 2，$$

所以

$$BC = \sqrt{3}，$$

正巧是所求的正方形的边长。于是 *DE*、*FG* 就可以作为正方形的边。

为什么 FJ 和 HD 拼起来又正巧是 $\sqrt{3}$ 呢？因为

$$\triangle HFJ \backsim \triangle DHE，$$

所以

$$FJ : DH = HF : DE，$$

即

$$FJ : 1 = (3 - \sqrt{3}) : \sqrt{3}，$$

$$FJ = \sqrt{3} - 1。$$

所以 FJ 和 HD 拼起来正好就是 $\sqrt{3}$ 。

这类问题在数学里属于组合几何这个分支。19 世纪匈牙利数学家鲍耶·亚诺什指出，凡是等面积的两个多边形，通过分割和拼合，其中一个多边形一定可以变为另一个多边形。

这是平面上的情形，立体的情况又是怎样的呢？

1900 年，德国大数学家希尔伯特提出了 23 个数学问题，整个 20 世纪，数学家们为之绞尽脑汁。其中第三个问题是：存在两个等高等底的四面体，它们不可能分解为有限个小四面体，使这两组四面体彼此全等。

1901 年，希尔伯特的学生、数学家马克斯·德恩证明，确实存在着这样两个四面体，从而解决了希尔伯特的第三个问题。这是第一个被解决的希尔伯特问题。

金刚石与正方形

19 世纪，英国皇家学会会员戴维博士和助手做了一个实验。他们把"取火镜"（凸透镜）对准了一件衣服，衣服被烧了一个洞；然后对准一个木块，木块烧焦了；接着，他们看到戴维夫人的金刚石戒指，也想试试。结果这一试不得了，想不到坚硬的、闪闪发光的金刚石也烧成了灰。戴维夫人勃然大怒，戴维和助手却暗暗高兴，因为这证明了金刚石和木炭一样是碳家族的成员！

戴维的助手是谁呢？他就是后来成为世界第一流物理学家的法拉第。

灿烂夺目的金刚石不仅仅是贵重的装饰品，而且因为它的质地非常坚硬，所以它的经济价值也很高。金刚石的价值和它的重量的平方成正比。要是一块金刚石被弄碎了，把所有的碎屑收集起来，总重量可能一点儿也没减少，但它的价值却要大大地打折扣。那么，假如一块金刚石碎成了两块，在什么情况下损失的价值最大呢？

对于这个问题，我们可以利用正方形的特性来回答。读者可能会产生疑惑，这个问题好像是个代数问题，怎么和正方形搅在一起了呢？是啊，事物之间的联系就是那么奇怪，看起来毫不相关的事情，常常是有密切关系的。

假设原整块金刚石的重量是 p 克拉，那么它的价值应该是 p^2 的某一个倍数。为方便起见，我们就认为它的价值是 p^2。画一个边长为 p 的正方形 $ABCD$，面积 p^2 就表示这块金刚石的价值（图 1）。

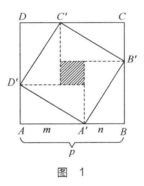

图　1

再假设金刚石碎成 m、n 克拉的两块，分别用线段 AA'、$A'B$ 表示 m 和 n。在正方形各边上分别截取

$$BB' = CC' = DD' = AA',$$

我们容易知道 $A'B'C'D'$ 也是正方形。而且由勾股定理可以推知，正方形 $A'B'C'D'$ 的面积是

$$m^2 + n^2,$$

它正好表示了两块小金刚石的总价值。四个直角三角形 $\triangle A'BB'$、$\triangle B'CC'$、$\triangle C'DD'$、$\triangle D'AA'$ 的总面积就是损耗的价值。由于正方

形 *A'B'C'D'* 的面积总是小于正方形 *ABCD* 的面积，所以金刚石碎成两块后的价值比原先要小。但是，小正方形面积通常大于原正方形面积的一半，所以金刚石碎成两块后，损失的价值不到原来的一半。这一点可以用拼图法证明。

在图 1 的小正方形 *A'B'C'D'* 中割出四个直角三角形，它们分别与四个直角三角形△*A'BB'*、△*B'CC'*、△*C'DD'*、△*D'AA'* 全等。从小正方形 *A'B'C'D'*（打碎后的两块金刚石的价值）中扣除四个直角三角形（损耗价值）之后，还余下一个更小的带阴影的正方形，这说明一般情况下打碎后的两块金刚石的价值超过原来的一半。只有当原金刚石正好碎成相等的两块的时候，两块金刚石的总价值最小，只剩下原来的一半，这时小正方形 *A'B'C'D'* 的面积恰巧等于四个直角三角形的面积（图 2）。换句话说，在这种情况下受到的损失最大，损失的价值是原价值的一半。

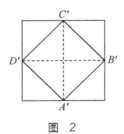

图 2

评选"最佳矩形"

现在，社会上经常有一些评比，什么"最佳男演员""最佳模特儿""最佳图书""最佳设计"……可没有听说过评选"最佳矩形"。所以，看到这个标题，有的读者会纳闷儿。

评选"最佳矩形"确有其事。在 100 多年前，德国心理学家弗希纳开了一个展览会，展出的全是各种各样的矩形，请参观者来评选"最佳矩形"。529 名参观者投了票，选出了 4 个最美的矩形，它们的长与宽分别是 8×5、13×8、21×13、34×21。而这四个矩形的边长比都接近于黄金比。

黄金比、黄金分割、黄金分割点……这一系列美丽的名称相传是 2000 多年前的古希腊数学家欧多克斯提出来的，后来得到欧洲文艺复兴时代的艺术大师达·芬奇的肯定和推广，这些名称被正式确定下来。那么，这些名称是什么意思呢？

把一条线段 AB 分成两段 AC 和 BC，如果其中较长的线段 AC 与较短的线段 BC 有如下的关系式：

$$BC : AC = AC : AB，$$

或者

$$AC^2 = AB \times BC，$$

那么，我们就说对这条线段 AB 进行了黄金分割。点 C 就是线段

AB 的黄金分割点。

如果线段 AB 的长是 1，$AC = x$，那么

$$x^2 = 1 \times (1 - x),$$

解这个方程，得

$$x^2 + x - 1 = 0,$$

$$x\ (\text{即}\ AC) = \frac{\sqrt{5} - 1}{2} \approx 0.618。$$

$\dfrac{\sqrt{5} - 1}{2}$ 被称为黄金数，分割出来的两条线段的比 $BC : AC = AC : AB \approx 0.618$，被称为黄金比（图 1）。

图　1

美学家研究表明，人们认为呈黄金分割的矩形最美观，正方形反而给人呆板的感觉，因此美术作品里常常避免出现正方形。你一定看过电视里的节目主持人，他们总是站在舞台的中间偏左（或右）一些的地方，一定不会站在舞台的中央。这"中间偏左（或右）"的地方就是黄金分割点。拍照也是这样，在一些照片和图画中，主要的人物以及创作者想使人注意的景物，也常常被安排在黄金分割点处。许多日常生活中的事物，像衣橱、写字台桌面、窗户、房间等，被设计成接近于黄金分割型的矩形。

据说在很久以前，古希腊的美学家就想知道什么样的人才算长得最标准、最美丽。这个人的身材必须符合以下条件：肚脐位

于身高的黄金分割点，乳头位于上半身的黄金分割点，膝盖位于下半身的黄金分割点。艺术家创作的维纳斯雕像、雅典娜女神像被认为是美的化身，她们的下半身与身长之比都接近 0.618。然而，大自然并没有赋予人类具有黄金分割的修长身材。即使是身材优美的芭蕾舞演员，他们平均的下半身与身长之比也不过约为 0.58：1。在表演芭蕾舞的时候，演员们总是踮起脚尖起舞，这也是为了弥补身材的"不足"，由此更能给人以美的享受。

顺便插一句：维纳斯雕像的身材比例不但为广大群众所熟知，而且进入了 2019 年的数学高考题。可惜这道题的题意有些含糊，考查目的不清，引得不少考生手足无措。

此外，喜欢拉胡琴的人都知道，在包裹竹筒的蛇皮上放一个"马"，再把两根弦绷在上面，就能拉出悦耳动听的声音来。你知道吗？这个"马"的最佳位置是蛇皮范围内琴弦的黄金分割点。

为什么人的美感常常和黄金分割有关呢？这个问题至今还没有定论。有一种说法是，这和人的两个眼睛造成的错觉有关。还有一种观点是，这和人的脑电波有关。据说，人类脑电波的高低频的主导频带之比是

$$8.13：12.87 = 0.618...$$

而人的情绪和脑电波的波频比有关。

黄金比 0.618...还有许多优美的数学性质，比如它和著名的斐波那契数列有密切的关系。斐波那契数列

$$1, 1, 2, 3, 5, 8, 13, 21, 34, \cdots$$

中相邻两项的比

$$\frac{1}{1}, \frac{1}{2}, \frac{2}{3}, \frac{3}{5}, \frac{5}{8}, \frac{8}{13}, \frac{13}{21}, \frac{21}{34}, \cdots$$

都可以看作 0.618 的近似值。本文开始时提到的被评选出来的"最佳矩形"，它们的长与宽分别是 8×5、13×8、21×13、34×21，它们各自的宽和长之比正好是 $\frac{5}{8}$、$\frac{8}{13}$、$\frac{13}{21}$、$\frac{21}{34}$。

"优选法"中经常要用到 0.618 这个数，从这一点上说，黄金分割与优选法还有"亲缘关系"呢。

黄金分割的应用甚广，现在连证券技术分析理论里也用到了黄金分割。据说，当一只股票的价格从 a 元上升到 b 元，然后开始下跌时，人们会十分担心——跌到什么时候才会止住呢？一般来说，跌到升幅 $(b - a)$ 的黄金分割处，即 $a + 0.618(b - a)$ 或 $a + 0.382(b - a)$ 时就大致会止跌了。

书刊长宽知多少?

　　你知道书刊的宽和长之比是多少吗? 有些读者一定会以为它们成黄金分割比, 即

$$宽 : 长 = \frac{\sqrt{5}-1}{2} = 0.618\ldots。$$

哈哈, 错了!

　　为什么不少人会这样想呢? 因为我们知道成黄金分割比的长方形比较美观, 日常生活中许多长方形物品的宽和长之比大多成黄金分割比, 所以, 有人误以为书的宽和长之比也成黄金分割比。

　　究竟是不是黄金分割比, 一量便知道。我手头有一本书, 它的宽是 13 厘米, 长是 18.4 厘米, 于是

$$宽 : 长 = 13 : 18.4 \approx 0.707,$$

可见它们不成黄金分割比。

　　那么, 书刊的长宽比究竟是怎样的呢? 我们算一下长和宽的比,

$$长 : 宽 = 18.4 : 13 = 1.415 \approx \sqrt{2} 。$$

读者可能会大吃一惊: 怎么, 长和宽之比竟然和 $\sqrt{2}$ 很接近?

其实，书刊的长和宽之比之所以取作 $\sqrt{2}$ 左右是为了实用。一张纸太大，总要裁开才能用。裁开的时候，人们总喜欢在长的边上取一对中点，将它们连接起来作为裁剪线。这样的裁法叫作"对开"。如果还嫌纸太大，可以再对开，对原来的纸来说，就成了"4 开"。我们希望经过"对开"之后，或者"对开"再"对开"之后，甚至再三"对开"之后，所得的长方形不要变得太狭长，也不要变得太粗胖。用数学语言来说，就是希望"对开"所得的两个小长方形与原长方形相似。这样一来，如果原长方形的长为 b，宽为 a（图 1），则有

$$\frac{b}{2} : a \approx a : b,$$

即

$$\frac{b}{a} \approx \sqrt{2}。$$

所以，报纸及书刊的长宽比应取作 $\sqrt{2}$ 左右。

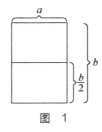

图 1

石匠师傅的口诀

你见过石匠师傅在青石上凿一个五角星吗？他们有自己独特的作图方法，这个方法只用两句口诀就可以表示：

一六中间坐，二八分两旁。

这话是什么意思呢？"一六中间坐"，就是先画一条水平的线段 AB，它的长度为 1；然后过 AB 的中点 F 作垂直线。在这条垂直线上，从点 F 起依次截取 $FG=1$，$GD=0.6$。"二八分两旁"，就是过 G 点作 EC 平行于 AB，并且使 $GE=GC=0.8$。最后连接 BC、CD、DE、EA，就得到一个近似的正五边形（图 1）。接下去就可以凿出一个十分漂亮的五角星了。

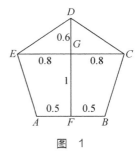

图 1

这样画出的五角星与正五角星十分相像。为什么呢？由勾股定理可知，DE 和 DC 的长度都是 1，BC 和 AE 的长度为

$$BC = AE = \sqrt{(0.8-0.5)^2 + 1^2}$$
$$= \sqrt{1.09}$$
$$\approx 1.044。$$

所以，$AB = DC = DE = 1$。而 BC 和 AE 与这三条边相差不过 4.4%。这个误差在硕大的石头上是很微小的。

反过来，我们再算算，在一个准确的正五边形中，有关线段的长度是多少呢？设正五边形 $PQRST$ 的边长为 1，取 PQ 的中点 V，连接 VS，TR 与 VS 相交于 W（图 2）。通过计算，可以知道：

$$SW = \frac{1}{2}\sqrt{\frac{5-\sqrt{5}}{2}} \approx 0.588,$$

$$WT = \frac{1}{4}(\sqrt{5}+1) \approx 0.809,$$

$$WV = \frac{1}{2}\sqrt{\frac{5+\sqrt{5}}{2}} \approx 0.951。$$

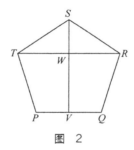

图 2

从中可以看出，前面口诀中的数就是将 SW、WT、WV 通过四舍五入的方法取一位小数的近似值。

除了口诀"一六中间坐、二八分两旁"之外，还有一个更精确的口诀，就是"九五顶五九，八一两边分"。这个口诀是一位木匠师傅创造出来的，意思如下。

先取单位长 AB，在 AB 的中点作垂线 DF，其中 GF 为 0.95，DG 为 0.59；然后通过 G 作 AB 的平行线 EC，使 $EG = GC = 0.81$。连接 BC、CD、DE、EA。$ABCDE$ 就是一个近似的正五边形（图 3）。

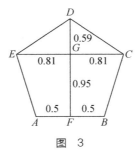

图　3

它的每条边长分别为

$$AB = 1,$$
$$DC = DE = \sqrt{0.59^2 + 0.81^2} \approx 1.0021,$$
$$BC = AE = \sqrt{(0.81 - 0.5)^2 + 0.95^2} \approx 0.9993。$$

这个五边形的每条边长，与准确的正五边形的每条边长的误差只有千分之二。

除了上面介绍的方法之外，画五角星的近似方法还有许多。这些方法简便易行，大多是木工、石匠们在长期实践中创造出来的。我国著名数学家龚升曾经在 1965 年到京郊参加劳动。在与当地农民和木工一起劳动的过程中，他见证了劳动人民的聪明才智，学到了许多画正五边形、八边形的方法。之后，他把自己在民间收集到的许多作图法写成一篇题为《向木工师傅学到的几何》的文章，刊载在《科学大众》杂志上，一时传为美谈。

拼地板的学问

你留心过铺地板的瓷砖吗？它们有正三角形的、矩形的、菱形的、正六边形的。人们把瓷砖一块块排列起来，铺成各种既不重叠又无空隙的美丽的镶嵌图案（图 1）。

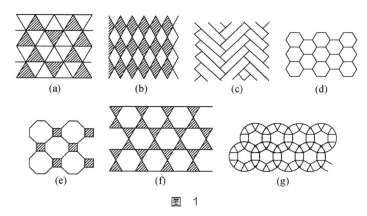

图　1

可是谁也没有见过正五边形铺成的地板，这是为什么呢？这个问题首先是毕达哥拉斯学派提出来的。

我们知道，平面上的周角是 360°，所以只有当多边形的几个内角之和等于 360°的时候，把这些角的顶点汇聚在一起，才能恰好既不重叠又无空隙地铺满平面。

一个三角形的内角之和是 180°，两个三角形的内角之和是 360°，所以三角形（无论是正三角形还是任意三角形）可以铺满平面（图 2）。

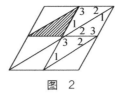

图 2

正六边形也能铺满平面，因为正六边形的一个内角是 120°，三个内角之和正好是 360°。

正五边形的每个内角是 108°，要是把这样的三个角的顶点汇合在一起，组成的角只有 324°；要是把这样的四个角的顶点汇合在一起，组成的角又超过了 360°。所以光用正五边形是不能铺满平面的（图 3）。

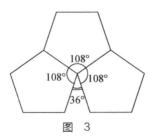

图 3

不仅如此，毕达哥拉斯学派还用整数的性质证明了，如果想用一些形状和大小完全相同的正多边形拼成既不重叠又无空隙的地板，这些图形只能是正三角形、正方形和正六边形。但是，这个结论不排斥用其他非正多边形的几何图形来镶嵌平面的可能性。

有一年，一家工厂的废料堆里堆着大量边角木板，这些木板的大小和形状都一样，但都是歪七扭八的四边形。要把它们改成比较规则的形状，就必须锯掉边角，这样做很浪费。

这时候，有人建议用这些木板来铺地板，获得了很好的效果（图 4）。因为不论是矩形、菱形、平行四边形，还是任意四边形，它们的内角之和都是 360°，所以人们能够很方便地用它们铺满地板。

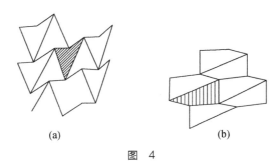

(a)   (b)

图 4

如果允许用若干种正多边形来拼地板，那花样会更多些。像图 1 中的图案 e、f、g 都可以组成镶嵌图案。以 e 为例，在每一个交叉点处，都有两个正八边形和一个正方形。因为正八边形的每个内角度数是

$$(8-2) \times 180° \times \frac{1}{8} = 135°,$$

所以，两个正八边形的内角及一个正方形的内角合起来正巧是一个周角。

目前，人们只找到 17 种密铺镶嵌结构。镶嵌图案不但用于瓷砖设计，而且在花布设计中也很有用处。花布设计比瓷砖设计更活泼，如果人们老是穿如图 1 中那几种图案的花布，就显得十分单调了。但是，如果在图 1a 的正三角形网络图里勾勒出如图 5a 的图形，对它稍加修饰，成为图 5b 这样的图形。再用图 5b 作为

基本图案，还可以组成图 5c 这样的花布图案。对图案加以艺术处理，最终得到了一幅"三猴图"。

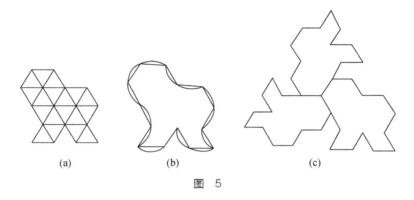

(a)   (b)   (c)

图 5

漫话七巧板

众说纷纭的历史

英国李约瑟博士在他的《中国科学技术史》中写到，中国有两个数学游戏流传到全世界，一个是九连环，一个是七巧板。

在国外，七巧板叫"唐图"（tangram）。但根据数学史家的研究结果，七巧板并非诞生于中国唐代，而可能产生于明、清两代。现存最古老的关于七巧板的文献是清朝嘉庆十八年（1813 年）出版的《七巧图合璧》，书中包含 300 多幅拼图。清代还有一本署名为秋芬室的《七巧八分图》，全书共有八册，详细记载了七巧板所拼成的图形与文字。

为什么国外把它叫作唐图呢？一种说法是，"唐"曾是中国的代称，如"唐人街"就是华人居住的街道，因为七巧板是从中国传出去的，所以就叫"唐图"。另一种说法是，"tangram"应译作"疍图"，疍（读作 dàn）民是对生活在我国东南沿海的水上居民的旧称，传说七巧板就是他们发明的。

因为七巧板的历史难以考证，一位乐观、幽默的著名数学谜题专家山姆·洛依德竟然以此为题材，跟读者和后人开了一个玩笑。1903 年，61 岁的他写了一本书，叫《第八茶皮书》，并在书中杜撰了一段七巧板的历史，让不少读者上了当。

七巧板是将一个正方形割成 7 块而成的（图 1），利用这 7

块板可以拼成各种各样的图形，特别是模拟人、动物、花草、建筑等，惟妙惟肖。图 2 就是两个拼图。

图　1　　　　　　　　　　　吊车　　猫

图　2

七巧板传到国外后，产生了很大的影响。据说在 1814 年，法国的拿破仑在莱比锡战役之后被流放到地中海的厄尔巴岛，因为无聊，便以七巧板作为消遣，最终与七巧板结下不解之缘，甚至终日摆弄，不思茶饭。美国著名作家爱伦·坡也特意用象牙制作了一副七巧板，对它爱不释手。1805 年，欧洲出版了第一本关于七巧板的著作《中国幼儿游戏板》，英国剑桥大学图书馆里至今还收藏着《七巧图谱》。到了现代，西方各国介绍七巧板的书还在不断出版，如 1965 年的《唐图游戏 300 则》、1966 年的《唐图》、1968 年的《唐图的第八本书》。1976 年，日本还出版了《唐图》大型本。这种图书不是在七巧板的故乡出版，不免让人费解。

七巧板的改进和发展

既然正方形可以像图 1 那样分割成 7 块，那么，为什么不可以按别的方式分割呢？这就引起了一股改进七巧板的热潮。

日本的著名女文学家清少纳言曾发明了一种"智慧板"，据考证，它在中国的七巧板传到日本之前就存在了。欧洲有一种名为"幸福的七"的曲七巧板，据说是受中国七巧板的启发，并从古埃及的出土文物的图案演变而来的。越南人别具一格，创造了卵形七巧板。我国民间还有一种叫作"益智图"的玩具，块数更多些，可以拼出更多的图案。

1986 年，在上海电视台、《科学生活》杂志等单位举办的"天使杯"智力玩具设计大奖赛上，上海勤工服装厂的青年职工顾伟国推出了"五巧板"（图 3），据说能比"七巧板"拼更多的图案。有趣的是，"五巧板"这种智力玩具被商家的"慧眼"看中，被"炒"得轰轰烈烈。

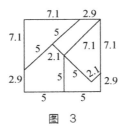

图 3

上海的"小绍兴"餐饮公司的前身是一家规模不大、却很有特色的"小绍兴鸡粥店"。"小绍兴"的鸡和鸡粥色香味俱佳，令人吃了还想吃。鸡是"小绍兴"的特色菜，于是店家以鸡为主题，和有关方面联合，举办了一场"五巧板拼鸡图比赛"。参加比赛的有男女老幼数百人，收到几千件拼图作品。比赛的冠军得主叫宋立强，他竟然用五巧板拼出了 144 种形态各异的鸡图，该图被誉为"百鸡宴"。图 4 中的几幅鸡图惟妙惟肖，它出自优胜者之一的黄涛之手。在颁奖大会上，有位老伯即席赋诗一首，颇能说明玩五巧板的乐趣，特转录如下：

斗转星移五巧板，拼镶变接脑筋动，跃出聪明鸡万千，增智添趣乐无穷。

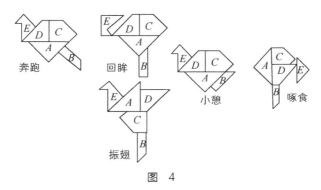

奔跑　回眸　小憩　啄食

振翅

图　4

在这股应用、改进七巧板的热潮中，有的人不是以游戏的角度出发来参加的。中科院上海生化所的退休研究员周光宇是个七巧板迷，她怎么会对七巧板产生兴趣的呢？20世纪80年代，她到国外讲学，为了形象地讲清遗传的分子基础，她想到了七巧板。这7块板是固定的，但可以拼出无穷无尽的图形来，这和一些相同的基因可以组成不同的结构，不是原理相通的吗？她在论文里和讲课时都用到了这个比喻。

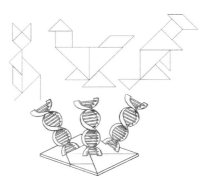

1955年，清华大学的赵访熊教授发明了"三角七巧板"，可以帮助大家记忆三角学中的许多公式。1960年，上海市淮海中学的学生孙承启等又创造了"三角十巧板"。此外，人们还从理论上展开了对七巧板的研究工作。

早在 1817 年，W. 威廉写了一篇论文，列举了一些用七巧板解决的几何题。日本也曾有人研究了一个问题：用一副七巧板能拼出多少种凸多边形？其实在 1942 年，中国浙江大学的王福春和肖昌两人早已证出，用一副七巧板只能拼出 13 种凸多边形，其中有一种三角形、两种五边形、4 种六边形、6 种四边形。

近年来，又有人提出了关于七巧板的新课题，如："如何将正方形剪成 7 片，使用它们拼成的凸多边形最多？"据出题者说，至少有一种剪法可以拼成 253 种凸多边形。又如："如何将正方形剪成 7 片，用它们拼成的三角形最多？"这些问题至今还没有解决。

更引人注目的是，有人把七巧板与人工智能结合起来研究。美国马里兰大学人工智能专家设计了一个"解决七巧板问题的探索程序"。只要你画出一个图形，计算机可以在两秒之内告诉你，这个图形能不能用七巧板拼成，如果能的话，应该怎么拼。

七巧板在理论上会有这么大的发展，恐怕是一般摆弄七巧板的游戏者所想不到的，也是古代的七巧板的无名发明者所想不到的。

分油问题和台球运动

有一个很古老的问题叫作"分油问题"，在国外被称为"三罐问题"。

有三个容器，第一个容器里可以装 8 斤油，第二个容器里可以装 5 斤油，第三个容器里可以装 3 斤油。现在有 8 斤油，装在第一个容器里，我们希望利用这三个容器，将 8 斤油平分。注意，这些容器是没有刻度的，因此我们只能把油反复地从一个容器倒入另一个容器，或者把前者倒空，或者把后者灌满，通过这样的办法，最后将 8 斤油平分。事实上，不一定要求平分，分出任意整斤数的油也可以。

经典的做法如下。

1. 将第二个容器注满，第一个容器里余下 3 斤油。这时，三个容器里油的质量分别是：3 斤、5 斤、0 斤。

2. 将第二个容器里的油倒入第三个容器，并将它注满，这样，第二个容器里被倒出了 3 斤油，余下 2 斤油。这时，三个容器里油的质量分别是：3 斤、2 斤、3 斤。

3. 将第三个容器里的 3 斤油倒入第一个容器里。这时，三个容器里油的质量分别是：6 斤、2 斤、0 斤。

4. 将第二个容器里的油全部倒入第三个容器。这时，三个容器里油的质量分别是：6 斤、0 斤、2 斤。

5. 将第一个容器里的油倒入第二个容器，并将它注满。这时，三个容器里油的质量分别是：1 斤、5 斤、2 斤。

6. 将第二个容器里的油倒入第三个容器，并将它注满。这时，三个容器里油的质量分别是：1 斤、4 斤、3 斤。

7. 将第三个容器里的油全部倒入第一个容器。这时，三个容器里油的质量分别是：4 斤、4 斤、0 斤。

到这里，任务就完成了。这个问题的解不唯一，譬如，第一步把第一个容器的油倒入第三个容器……

有趣的是，这个问题可以用三角形的网格来解。如图 1 所示，这是一个三角形的网格。每个小三角形都是全等的等边三角，且高为 1。

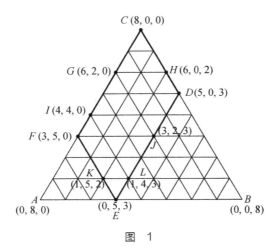

图 1

这个三角形网格里的每一个点都有三个"高度"。点与三角形的水平的边 AB 的距离算是"水平高度"，与三角形的右面的边 BC 的距离算是"右高度"，同样地，与三角形的左面的边 AC 的距离算是"左高度"。譬如，C 点的"水平高度"是 8，"右高度"和"左高度"都是 0。我们把 C 点记作 $(8, 0, 0)$，J 点则是 $(3, 2, 3)$。

明眼人一看就能看出一点儿名堂来。我们讨论的是三个容器，第一个容器可以装 8 斤油，第二个容器可以装 5 斤油，第三个容器可以装 3 斤油，这相当于 3 个"高度"。"水平高度"不超过 8，"右高度"不超过 5，"左高度"不超过 3。于是，我们在这个网格三角形的里面又勾画出了符合要求的范围，这个范围是一个平行四边形 $CDEF$。在这个范围里的任何格点，它的三个"高度"的总和总是 8，而且"水平高度"不超过 8，"右高度"不超过 5，"左高度"不超过 3。

刚才我们说利用三角形网格来解这个分油问题，实际上，更确切地说是利用这个平行四边形网格来解。下面我们就用这个平行四边形网格来解上面的分油问题。

开始状态是第一个容器里有 8 斤油，第二、第三个容器里没有油。这个状态可以记作 $(8, 0, 0)$，它对应 C 点。

接下去，将第二个容器注满，第一个容器里余下 3 斤油。这时，3 个容器分别有：3 斤、5 斤、0 斤油。这个状态记作 $(3, 5, 0)$，对应 F 点。这一次倒油的动作，相当于在网格里从 C 点沿网格里的直线运动到了 F 点。注意，F 点在平行四边形 $CDEF$ 的边上。

接下来的倒油动作，相当于从 F 点运动到 $J(3, 2, 3)$。J 点也在平行四边形 $CDEF$ 的边上。

再从 J 点到 $G(6, 2, 0)$，从 G 点到 $H(6, 0, 2)$，再到 $K(1, 5, 2)$，

继而到 $L(1, 4, 3)$，最后到 $I(4, 4, 0)$。这时就达到这样一种状态：第一个容器里有 4 斤油，第二个容器里有 4 斤油，第三个容器里有 0 斤油。平分油的任务完成了。

你看，只要在这个平行四边形 $CDEF$ 的网格里画来画去，就可以将油平分。我前面说过，实际上，这样做可以分出任何指定的整斤数来。

为什么在沿网格线运动时，一定要到达平行四边形的边呢？

稍微仔细想一想，不难找到答案。这是因为这些容器是没有刻度的，所以我们把液体反复地从一个容器倒入另一个容器，只能是或者把前者倒空，或者把后者灌满。而在平行四边形 $CDEF$ 的边上的点，总意味着是有一个容器是满的，或者是空的。所以，总要运动到平行四边形的边上，而不是中间，才可以拐弯。

分油问题很古老，台球运动很时髦，两者风马牛不相及。然而，分油问题也可以请台球运动帮忙解决。

我们制作一个平行四边形 $CDEF$ 的台球球盘，并在其上打台球。原先的球在 C 点处，沿着网格线打，经过平行四边形 $CDEF$ 球盘壁反射来反射去，总可以到达指定的点，在这个问题里是 $I(4, 4, 0)$ 点。

生活于 18 ~ 19 世纪的法国数学家泊松在年轻时曾经做过类似的分酒问题。这道题引起了泊松对数学的极大兴趣，让他最终决心成为一名数学家。后来他的愿望实现了，他不仅成了一位著名的数学家，也成了欧洲许多国家的科学院院士。

"天衣无缝"（相声）

甲：（手里拿着一块毯子）大家好！

乙：（头颈上套了一把软尺）你手里拿着一块毯子干什么？

甲：这块毯子可是传家宝啊！

乙：怎么回事啊？

甲：这是我师傅传给我的。

乙：你师傅是谁？

甲：上海说唱表演艺术家黄永生。

乙：那这毯子又是怎么回事呢？

甲：当年，我师傅唱了一出上海说唱，叫《古彩戏法》……

乙：古……彩……戏法？

甲：这你就不懂了。"戏法"就是魔术，而魔术又有两种。现在舞台上、电视里表演的魔术大多是西方传进来的品种，就叫洋戏法吧。其实我国古代也有魔术，这种魔术就是古彩戏法。

乙：古彩戏法和洋戏法有什么不同呢？

甲：古彩戏法主要是把一些东西，比如水缸、鱼、火以及会飞的鸟等先藏在身上，然后一件件变出来。

乙：那和毯子又有什么关系呢？

甲：在把东西变出来之前，一定要先用毯子盖一下。所以，毯子是古彩戏法必不可少的道具。

乙：（看看毯子）想不到这破毯子还有点儿用处。

甲：当年，我师傅唱的这出"古彩戏法"，是讽刺某些人颠倒黑白、指鹿为马，像变戏法一样。

乙：是啊！这种人太可恨了。

甲：我师傅唱一句：（唱）"毯子身上盖一盖，哎哎！"

乙：（跟唱）毯子身上盖一盖，哎哎！

甲：这一唱，我师傅就唱红了，上海市民都跟着唱。

合：（唱）毯子身上盖一盖，哎哎！

甲：可惜，这块毯子有了一个洞。

乙：让我看看，我可是个有名的裁缝师傅啊。

甲：真的？（把毯子交给乙）

乙：（用尺量）这是块正方形的毯子，边长是 12 尺。（仔细看）

甲：还可以修复吗？

乙：你真是运气好，遇到我这样的有名师傅。我把它剪开，重新拼一下，保证天衣无缝。

甲：那会变得小一点儿吗？

乙：（拍拍胸）不，本师傅让你的毯子一点儿都不会变小。

甲：洞没有了，毯子面积不小？你大概也在变戏法吧！

乙：我可没有拜过黄永生当师傅，也没有拜过魔术师傅腾龙当师傅！

甲：那……

乙：（大刀阔斧地剪）将毯子剪成 5 块（图 1）。

甲：你可要保证修好……我可真有点儿不放心，别把我的传家宝弄坏了。

乙：（展示 5 块料子）我将它们重新拼合（图 2）。不就成了。（把毯子交给甲）

甲：（用尺子一量）真的，大小没有变。嘻！（把毯子往自己身上盖，唱）毯子身上盖一盖，哎哎……

乙：怎么样？满意不？

甲：满意是满意，可我不明白，面积不少，这洞却不见了。这怎么搞的？

乙：我不会唱上海说唱，可我喜欢京剧。《红灯记》里的小铁梅唱过一句：（唱）"这里的奥妙，我也能猜出几分。"难道你就猜不着？

甲：猜——不——着。

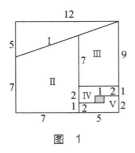

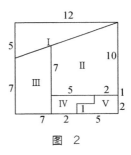

图 1   图 2

这个相声留下了一个谜，你知道谜底吗？如果粗粗地看，本题的破绽不容易发现。在图 3 里，$DE : AC = BD : BA$，得 $DE = 2\dfrac{1}{12}$。EK 的长应是

$$12 - 1 - 2 - 2\frac{1}{12} = 6\frac{11}{12},$$

不是图中标注的 7，但是这个答案和 7 相差很小，容易被忽略。重新拼合之后，毯子实际上是"有缝"的。

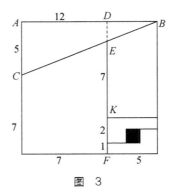

图 3

泰勒斯和金字塔

埃及有不少金字塔。这些金字塔是古埃及人的骄傲。在生产力非常落后的古代，人类竟然能够造出这么大、这么高的建筑，究竟是怎么办到的呢？真叫人无法想象。金字塔的建造方法及与其相关的种种现象，至今大多还是谜。

古埃及人能够建造伟大的金字塔，但是到了公元前 7 ～公元前 6 世纪时，古埃及人自己竟不知道金字塔有多高。一位古希腊的学者泰勒斯游学到埃及，说自己可以测出金字塔的高度。这在当时就像在吹大牛。阿玛西斯法老不信，要他当场表演。

那是一个晴天，万里无云。泰勒斯只用一根短棒，不一会儿就测出了金字塔的高度，令法老惊奇不已。

泰勒斯是怎么测的呢？原来，他用了相似图形原理。

他在地上竖了一根短棒，量一量短棒的长和短棒的影子的长，譬如说，分别将它们记作 a 和 b。然后，再量一量金字塔的影子的长。当然，因为金字塔的底座很宽大，所以金字塔影子的长是不可能直接量出来的，需要进行一些计算。史料没有告诉我们泰勒斯所用的确切测量法。我们暂时不管这个，假定金字塔的影子长

是 b'，那么根据相似三角形的原理，短棒的长与金字塔的高之比，应该等于短棒的影子长与金字塔的影子长之比。设金字塔的高是 a'，那么，

$$a : a' = b : b',$$

由此，可以算出金字塔的高度 a'。

泰勒斯是个大学问家，是古希腊"七贤"之首。他很早就知道地球是圆的，也知道 1 年等于 $365\frac{1}{4}$ 天。而且，他还能够预测日食和月食。

当时，位于今天土耳其的古米底亚国和古吕底亚国连年征战，两国民不聊生。泰勒斯正巧游学到那里，劝解两国和平相处，可惜劝说无效。于是他警告说，这样惨无人道的战争已经激怒了上天，太阳将在某月某日"罢工"。两国的将士以为他在白日里说梦话，没有理他，还是照打不误。到了泰勒斯预言的那天，两军正在酣战，日食发生了，顷刻间大地一片漆黑，双方将士惊恐万分，真的以为是上天在警告他们。终于，两国停战和好。根据天文史的考证，这次日食应该是发生在公元前 585 年 5 月 28 日。

泰勒斯在做学问时非常专注，常常不思茶饭。有一天夜晚，他外出散步，看到天上的星星，一下子出了神，不小心跌进了臭水沟。路旁的一位老妇人看了哈哈大笑，说："你连脚下的事情都弄不清楚，天上的事情反倒能够弄清楚吗？"

第二篇

圆

圆面积公式的改进和变形

说起圆面积公式，大家都很熟悉：$S = \pi r^2$。但是你知道吗，这个公式也有失灵的时候。

如果需要测算一个大型贮水罐的底面积，你该怎么办呢？注意，这里所说的贮水罐是一个挺大的圆柱体。用公式 $S = \pi r^2$ 来计算，就要用到一个数据——半径 r。r 是圆心到圆周上任意一点的距离，但是圆心在哪里？当然圆心是存在的，可惜我们无法到达。

这说明，这个公式虽然常用，但也有失灵的时候。认识缺点是发明的起点。认识这个缺点，想办法改进它，这就是发明创造。不仅小发明如此，其实大发明也是如此。

既然求圆面积要用到半径，而半径又无法直接测量，可不可以测量其他数据，然后间接算出半径来呢？

知道直径可以算出半径，但现在直径也很难测量出来。知道圆周长也可以算出半径，圆周长可不可以测量出来呢？看来是可以的，用绳子绕罐一圈，就可以得到。于是我们得到了解答本题的方案：

第一步，测圆周长 C，然后求得半径 r；

第二步，根据 r，利用公式求得圆面积。

问题是解决了，但是如果你要经常测量不同圆罐的体积的话，你一定会感到麻烦，因为每算一个罐的底面积，就得做两步。如果把上述两步合并为一步，就可以得到一个改进的圆面积公式。

由

$$C = 2\pi r,$$

得

$$r = \frac{C}{2\pi},$$

代入

$$S = \pi r^2,$$

有

$$S = \frac{C^2}{4\pi}。$$

这就是一个新的圆面积公式——由圆周长求圆面积的公式。

如果你需要经常用这个新公式 $S = \frac{C^2}{4\pi}$ 来求圆面积，而且计算的精度又要求不高，那么，你又会觉得这个公式太繁，因为我们必须做一个除法，而且除数是一个无理数。能不能再改进一下，使计算简化一些呢？

这个公式之所以计算较繁，主要是因为公式中出现了 π。取 $\pi = 3$，公式就简化为

$$S = \frac{C^2}{12}。$$

这式子的计算过程还要用到除法，尽管除数已经是整数了，还是够麻烦的，能不能再改进？

把 $\dfrac{1}{12}$ 算一下：

$$\dfrac{1}{12} \approx 0.083,$$

如果取 $\dfrac{1}{12} \approx 0.08$，那么公式 $S = \dfrac{C^2}{12}$ 又可改进为

$$S = C^2 \times 8\%。$$

需要注意，由于 $\dfrac{C^2}{12}$ 比 S 大，而 $C^2 \times 8\%$ 比 $\dfrac{C^2}{12}$ 小，所以，虽然公式 $S = C^2 \times 8\%$ 是经过两次近似得到的近似公式，但其精度不一定比 $S = \dfrac{C^2}{12}$ 差。

就其难度来说，这两步改进是不值得大惊小怪的。本文涉及的数学内容是个"小题"，但是，就思考问题的方法来说是可以大做文章的，不知读者读了之后有什么体会。

聪明老鼠历险记

一只老鼠从实验室里逃了出来，因为它在实验室里待久了，受到科学家的熏陶，所以变得聪明起来。

这只老鼠在圆形的湖边碰上了猫，老鼠连忙纵身跳到水里；猫不会游泳，于是紧紧地盯住老鼠在湖边跟着老鼠跑动，打算在老鼠爬上岸时抓住它。老鼠估计了一下，猫奔跑的速度是自己游泳速度的 2.5 倍，于是心里盘算着："我怎样才能逃脱猫的追捕呢？"

开始，老鼠沿圆形湖的边游，猫环绕湖岸跑，虎视眈眈地盯住它。老鼠心里有点儿害怕，心想，这样可不行。于是它改变战术，从 A 点径直往对岸 C 点游（图 1），它心想："猫老爷从 A 到 C 要跑半个圆周，肯定盯不牢我了。"

设湖的半径为 r，其实，由于半圆长是直径的

$$\pi r \div 2r \approx 1.57（倍）< 2.5（倍）。$$

因此，猫还是能够抓住老鼠的。果然，当老鼠游到对岸时，猫老

爷已经在那里等着了。这一着又失败了。怎么办呢？老鼠想啊想，算啊算，终于想出了一个办法。

老鼠先从 A 游到圆心 O，然后稍停一下，看准当时猫所在的位置。这时，猫在 B 处，老鼠立刻转身朝着 B 对岸的 D 点游去，这时老鼠要游的距离是半径 OD，猫要跑的距离是半圆 BCD，也就是 OD 的 π 倍（图 1）。因为

$$\pi > 3.14 > 2.5,$$

所以当猫沿着圆形的湖岸跑到 D 点时，老鼠早已经到达 D 点。就这样，老鼠上岸逃走了。猫在后面气得"喵喵"直叫。

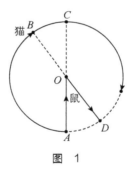

图 1

后来，这只老鼠又有一次惊心动魄的经历。还是在这个湖里，它又遇到了一只猫，但这只猫的奔跑速度是老鼠游泳速度的 4 倍。老鼠想，这下可糟了。很快，它平静了下来，想出了一个更聪明的办法。

设湖的半径是 r，在湖内取一个半径略小于 $\frac{1}{4}r$ 的同心圆。不妨设这个小圆的半径为 $0.24r$。老鼠跳到湖里后先沿着小圆周游，

因为湖的周长大于小圆周长的 4 倍。这说明，当老鼠沿小圆游，而猫沿湖岸跑时，在同一时间里，老鼠转过的角度大于猫转过的角度。到某一时刻，老鼠与猫在同一直径上，分别在圆心的两侧，老鼠在 Q 点，猫在 P 点（图 2）。这时老鼠朝着 OK 方向笔直游向湖岸 K 点，由于

$$\frac{\text{半圆周} PK}{QK} = \frac{\pi r}{0.76r} \approx 4.13 > 4。$$

所以，当老鼠到达 K 点时，猫老爷还没有来得及赶到 K 处。于是，老鼠就上岸逃走了。

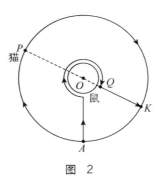

图 2

只缘身在此山中

1867 年，美国科普杂志《科学美国人》刊登了一个令人迷惑不解的问题，引起读者的浓厚兴趣和激烈争论。持有两种尖锐的对立观点的读者来信，雪片般地飞向编辑部。许多人为了使自己的论证更有力，还寄去了他们精心制作的各种装置。后来，由于来信实在太多，大有不可抑制的趋势，编辑部不得不宣布终止刊登这方面的文章，而另创一份名叫《车轮》的新月刊来专门讨论这个"重大问题"。

这究竟是一个怎样的问题呢？说起来再简单不过了：在桌子上紧挨着放置两枚同样大小的硬币，其中一枚固定不动，我们把它叫作"定币"；让另外一枚硬币沿着"定币"的外缘做无滑动的滚动，我们把它叫作"动币"；滚动中保持两枚硬币密切接触，这样，绕着定币转了一周以后，动币本身转了几圈？

大家可以动手做做实验，讨论一下：动币到底转了几圈？一圈，还是两圈（图 1）？

一部分人坚持认为动币只转了一圈。他们说：在整个滚动过程中，两个"5"只"头碰头"一次，何况那枚动币从定币的上面滚到下面，本身转了 180°，再从

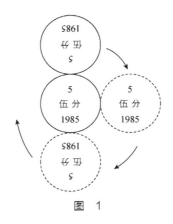

图 1

下面滚到上面，又转了 180°，一共转了 360°，所以只转了一圈。然而，实际上动币转了两圈。

先撤去定币，只考虑动币，它从"5"字向下开始转，到"5"字向上，再转到"5"字向下，已经转了 360°，在整个滚动过程中，动币两次重新回到"5"字向下的状态，当然共转了两圈。这个事实当然不会因为放上一枚定币而改变。

和这个奇妙问题紧密相关的另一个问题是"月球之谜"。月亮总是以同一面朝向地球，当月球绕着地球旋转的时候，它绕着自己的轴旋转吗？

坚持认为硬币只旋转一圈的人同样认为月球根本没有自转："如果它自转，我们就会看到它不同的面，可是我们看到的总是同一面。"

如果观察者站在地月系统之外，比如说站在火星上，这个问题就容易解答了，这时候观察者可以看到，每当月球绕地球转一圈，它就绕着自己的轴也转一圈。那么，为什么会有很多人觉得动币本身只转了一圈呢？

原来这个问题的答案依赖于观察者的相对位置，如果观察者居于两币之外看，动币旋转了两圈；而在固定硬币的位置上看，动币只转了一圈。觉得它只转一圈的人，是不知不觉地站到定币的位置上了。正像古诗所说的那样："不识庐山真面目，只缘身在此山中。"

同样地，我们都知道一平年是 365 天，但是在一年中，地球却自转了 366 圈！

大圆等于小圆？

有两个圆，一个大，一个小。它们的半径当然也不相同，大圆的半径大，小圆的半径小。这是非常明显而且千真万确的事实。

可是，古希腊有一个爱好辩论的哲学家亚里士多德偏偏和别人唱反调。他说，大圆也好，小圆也罢，它们的半径完全一样，而且他能够轻而易举地证明这一点。

如图 1 所示，他把大圆和小圆看作一个车轮上的两个同心圆，设大圆的半径是 R，小圆的半径是 r。

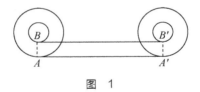

图　1

让大圆沿着地面的一条直线滚动一圈，大圆上的一点从 A 滚动到了 A' 点。线段 AA' 的长度等于大圆的周长，即

$$AA' = 2\pi R,$$

因为小圆和大圆的圆心固定在一起，大圆滚动一圈，小圆也滚动一圈，A 点上面的一点 B 转到了 B' 点。于是，同样有

$$BB' = 2\pi r。$$

因为

$$AA' = BB',$$

所以

$$2\pi R = 2\pi r。$$

两边同时除以 2π，得到

$$R = r。$$

所以说，大圆和小圆的半径一样大。推而广之，宇宙间所有大大小小的圆、大大小小的球的半径都一样。多荒谬呀！

亚里士多德的诡辩曾经使许多人感到迷惑。错误出在什么地方呢？

原来，大圆做的是没有滑动的纯滚动，小圆却由大圆带着，一面滚动，一面往前滑动，"连滚带爬"。因此，BB' 并不等于小圆的周长，而是比小圆周长更长一些。这好比孩子跟母亲去公园，有时自己走，有时被母亲抱一段，虽然两人通过了同样长的路程，但是孩子自己实际上并没有走那么长的路。

你看，忽略了小圆的滚动中还掺杂着滑动，就会得到大圆和小圆的半径一样大的荒谬结论。

π = 2?

诡辩家擅长用貌似正确的方法，来"证明"错误的结论。当人们对某个问题认识得不够清晰正确时，诡辩家就会乘虚而入。"π = 2"是一个著名的几何诡辩。请你看看，错在哪里？

先回忆一下圆周长公式：

$$C = \pi d\,（d\text{ 为圆直径）}，$$

因此，半个圆周的弧长是 $\frac{1}{2}\pi d$。

如图 1 所示，AB 是大圆 C 的直径，设 $AB = 2$。

图 1

沿大圆周从 A 到 B，经过半个圆周，它的弧长是 $\frac{1}{2}\pi \times 2$，即 π；分别以位于 AB 两端四分之一处的 D、E 为圆心，作两个直径是 1 的半圆，沿这两个半圆弧从 A 出发，经过 C，到达 B，经过的弧

长是 $2 \times \dfrac{1}{2} \pi \times 1$，也是 π；再在图中作 4 个直径为 $\dfrac{1}{2}$ 的半圆，沿着它们从 A 到 B，经过的弧长是 $4 \times \dfrac{1}{2} \pi \times \dfrac{1}{2}$，还是 π……这样继续作下去，半圆周越来越小，小圆越来越多，但是沿着这些小圆周从 A 到 B 的弧长总是 π。

换一个角度看，当半圆个数无限增多的时候，圆半径越来越小，弧线趋向于线段。而线段 AB 的长度是 2。这就证明了 $\pi = 2$。

当然，这个"证明"是错误的。无论大圆被分成多少个小圆，无论圆弧与线段多么接近，弧线总是弧线，永远不会变成线段。因此弧长永远是 π，而不会"突变"成 2！

等周问题

相传，古时候的北非地区有一位名叫纪塔娜的聪明妇女。有一个时期，纪塔娜的部落与另一个部落关系紧张。在一次和谈中，那个部落酋长拿出一张灰鼠狼皮，傲慢地说："你要我们割地赔偿吗？可以，你用这张灰鼠狼皮去围一块土地，能围多少，就给你多少土地。"说罢便哈哈大笑起来。

一张灰鼠狼皮能围多大的地呢？这不是在侮辱人吗？但是纪塔娜却暗暗高兴。她说："好！一言为定？"

"当然，我向来说话算话的。"那位酋长不知是计。

纪塔娜把灰鼠狼皮剪成许多极细的小条，再把这些小条接成一根很长很长的带子，又以海岸线为直径，用这条长带子围出一片半圆形的土地。这片土地是那样大，使傲慢的酋长目瞪口呆。

这是一种传说，除此之外，还有另一种说法。

古罗马传说里的狄多公主是推罗王的女儿，由于推罗王的子女互相残杀，狄多公主只能逃往非洲。

她到非洲之后，真可以说是"无立锥之地"。于是，她向当地的土著酋长雅布王请求，希望能够给她一块土地。

"你希望有多少土地？"雅布王还是很客气的。

她怕酋长小气，就说："尊敬的大王，我只要用一张犍牛皮围一些土地就够了。"

"小意思,小意思。"酋长一听,连声说。

于是,狄多把一张犍牛皮剪成细条,把一条条牛皮条接起来,然后在地上围了一个圆。人们在这块圆形的土地上面建起了贝萨城,意思是"牛皮城",后来这座城市以"迦太基城"的名字闻名于世。

我们不去考证这两个故事哪个更真实些,而只是从数学角度来研究一下这里面的问题。这类问题在数学上叫"等周问题"。所谓"等周问题"研究的是在周长相同的情况下,哪种图形面积最大。

不少读者已经知道,在周长相等的情况下,面积最大的矩形是正方形。这个结论对平行四边形,甚至任意四边形也成立。不但如此,在周长一定的条件下,三角形中正三角形面积最大,五边形中正五边形面积最大,六边形中正六边形面积最大。那么,在具有同样周长的正三角形与正方形中,哪个图形的面积大些呢?

结论是正方形大一些。比如分别用 12 根火柴搭出正三角形(每边摆 4 根火柴)和正方形(每边摆 3 根火柴)。三角形的面积为

$$S_1 = \frac{1}{2} \times 4 \times 4 \times \sin 60° \approx 7,$$

正方形的面积为

$$S_2 = 3 \times 3 = 9,$$

后者比前者大了 2 个单位面积。

因为在周长相等的条件下，三角形中正三角形面积最大，所以在周长相等的条件下，正方形的面积比任何一个三角形的面积都大。但是，在周长相等的条件下，与正五边形、正六边形……比较，正方形就失去了"面积优势"。用 12 根火柴搭一个正六边形（每边摆 2 根），它的面积显然更大了。

根据边长为 a 的正六边形面积公式

$$S = \frac{1}{2} \times 3\sqrt{3}a^2 \text{，}$$

把 $a = 2$ 代入计算一下，结果大于 10 个单位。

以上面一些例子可以看出，在周长相等的情况下，一个凸正多边形的边数越多，面积就越大。当边数越来越多，以至于趋向无穷的时候，正多边形趋向于圆。由此可见，在周长相等的平面图形中，圆的面积最大。

因此，狄多也好，纪塔娜也好，直接将带子围成圆，或是借用海岸线把土地围成一个半圆形，都是有科学依据的。

20 世纪 80 年代，中国著名数学家苏步青教授为了提高中学数学教师的水平，特地为中学教师开设讲座，第一讲就是"等周问题"。

费马数与等分圆周

问题的提出

等分圆周问题也是一个古老的问题。其实，用量角器可以很轻松地将一个圆周任意等分，但是用尺规作图的情况就不一样了。

用尺规作图可不可以将圆周任意等分呢？答案是否定的。于是又产生一个问题：用尺规究竟可以将圆周几等分呢？也就是说，如果用尺规可以将圆周 n 等分，那么这个 n 可以是哪些自然数呢？n 可能是质数，也可能是合数。因为合数可以分解为质数的积，所以我们可以先讨论 n 为质数的情形。

如果 n 是质数，那么 n 该是怎样的质数呢？

假定 $n = 2$，显然可以将圆周二等分，这是最简单的情形。除 2 之外，其余的质数又怎么样呢？这个几何问题，竟然和一个叫作"费马数"的数论问题有关。

费马的"胡思乱想"

费马（1601—1665）是一个有趣的法国数学家，他善于"胡思乱想"，一会儿提出了"费马大定理"，"害"得数学家们苦思冥想 300 多年，直到 20 世纪末才得到解决；一会儿又提出了"费马质数猜想"：费马认为，形如 $2^{2^k}+1$ 的数一定是质数。后来，人们把形如 $2^{2^k}+1$ 的数叫"费马数"。我们来看一下，形如 $2^{2^k}+1$ 的数究竟是不是质数。

$$k = 0 \text{ 时，} \quad 2^{2^k} + 1 = 3 \text{，是质数。}$$

$$k = 1 \text{ 时，} \quad 2^{2^k} + 1 = 5 \text{，是质数。}$$

$$k = 2 \text{ 时，} \quad 2^{2^k} + 1 = 17 \text{，是质数。}$$

可以验证，$k = 3$ 时，$2^{2^k} + 1 = 257$，以及 $k = 4$ 时，$2^{2^k} + 1 = 65\,537$，也是质数。

$k > 4$ 时，费马数是相当大的，就当时的条件，很难看出这些数是不是质数。费马仅仅根据 $k = 0, 1, 2, 3, 4$ 五种情况，就提出了这样一个"费马质数猜想"。

费马的这个猜想似乎过于轻率。欧拉发现了他的错误，他首先指出

$$k = 5 \text{ 时，} \quad 2^{2^k} + 1 = 4\,294\,967\,297$$

是 641 的倍数，所以它不是质数。至此，费马的"质数猜想"被否定了。

后来，数学家们对形如 $2^{2^k} + 1$ 的数进行了进一步的研究，发现了更多的反例，譬如，

$k = 12$ 时，$2^{2^k} + 1$ 能够被 114\,689 整除，所以它不是质数。

$k = 23$ 时，$2^{2^k} + 1$ 是一个 2\,525\,223 位的整数。如果用一般的铅字印刷出来，那么这个数长达 5 千米；如果把这个数印成一本书，那么这本书可达 1000 页。它是不是质数呢？数学家花了很大的精力才证明它不是质数，因为它可以被 167\,772\,161 整除。

$k = 36$ 时，$2^{2^k} + 1$ 是一个更大的数，它的位数竟然超过二百亿位。如果把这个数印成一行，那么它可绕地球赤道一圈。它也不是质数，因为它可被 2 748 779 069 441 整除。

人们到现在还没有找到第六个费马质数，所以，有人提出了反猜想：除了 $k = 0, 1, 2, 3, 4$ 五种情形外，形如 $2^{2^k} + 1$ 的数再也没有质数了。

数学王子高斯

现在，我们回到等分圆周的问题上来。有史以来，数学史家公认的伟大数学家有三位，他们是阿基米德、牛顿和高斯，如果还有第四位，那就是欧拉了。

德国数学家高斯被人们称为"数学王子"。据说高斯小时候就很聪明。高斯还没有上学的时候，有一次，他父亲正在计算一笔薪水，算了半天才算完。不料在一旁观看的小高斯说："爸爸，你算错了，应该是……"高斯的父亲一核对，果然是自己算错了。

当高斯 10 岁时，有一次数学老师出了一道题让学生们做。这道题是这样的：

$$1 + 2 + 3 + \cdots + 100 = ?$$

老师刚解释完题目，小高斯就叫嚷自己解完了，并交上了石板。老师心想，这么快，准是胡写一通，所以没有理会他。过了很久，别的学生也陆续交了卷。当老师一一查看石板的时候，大吃一惊，高斯的石板上清楚地写了一个正确的答案：5050。原来他是用等差级数的方法来解题的，所以才会这样迅速。

当高斯 19 岁时，他发现了圆内接正十七边形的画法，非常欣喜。当时，他正拿不定主意是进一步研究数学还是语言学，这个数学上的成果使他看到了自己的数学天分，促使他终生研究数学。后来，他在临终前嘱咐家人，要求把正十七边形刻在自己的墓碑上。这个愿望当然实现了，高斯的墓碑底座是一个正十七边形的柱体。1989 年，国际数学奥林匹克竞赛在德国举行，大赛的会徽用的就是正十七边形图案，并加上了高斯的头像。

等分圆周的准则

高斯不但找到了将圆周 17 等分的方法，还找到了能够将圆周等分的准则。我们知道，费马数不一定是质数，如果一个费马数是质数，那么这时的费马数叫作费马质数。高斯指出，如果 n 是形如 $2^{2^k}+1$ 的质数，那么圆周可以被 n 等分。

$k=1$ 时，$2^{2^k}+1=5$，是质数。我们知道可以用尺规将圆周五等分。

$k=2$ 时，$2^{2^k}+1=17$，是质数，可见，17 是第三个费马数，且是质数，高斯本人找到了将圆周 17 等分的具体的方法。

$k=3$ 时，$2^{2^k}+1=257$，是质数。将圆周 257 等分的具体方法是德国数学家里什洛在 1832 年给出的，该做法竟写了 80 页纸。

$k=4$ 时，$2^{2^k}+1=65\ 537$，是质数。将圆周 65 537 等分的具体方法是德国人赫尔梅斯花了 10 年的工夫研究出来的，仅手稿就装满了一箱子——真是"十年磨一剑"。

这是质数的情形，合数的情形怎么样呢？

如果 n 等于两个或多个费马质数的乘积，那么圆周可以被 n 等分。譬如 $n = 15$，因为 $15 = 3 \times 5$，且 3 和 5 都是费马质数，所以圆周可以被 15 等分。

另外，如果圆周可以被 n 等分，那么圆周肯定可以被 $2n$ 等分、$4n$ 等分、$8n$ 等分……这就是用尺规作图的方法可不可以等分圆周的准则。

闪闪的五角星

一部老电影《闪闪的红星》曾经红遍了全国，不但里面的角色"潘冬子"为观众所称道，而且电影的主题曲《红星歌》也广为传唱："红星闪闪放光彩……"

我们不计红星的颜色，只关心它的形状：它是一个五角星。那么五角星该怎么画？人们是什么时候学会画五角星的？是谁首先发明画五角星的方法的？

毕达哥拉斯的徽章

先掌握五角星画法的又是古希腊的毕达哥拉斯。毕达哥拉斯学派中的每个成员都在胸前佩戴一个正五角星形状的徽章。这一标志显示出他们已经掌握了正五角星的画法。

确实，画正五角星并不像画圆、画三角形那样简单，它要通过下列步骤才能完成（图1）：

（1）画已知圆的两条互相垂直的直径 AB、CD；

（2）取半径 OC 的中点为 E（第1步和第2步）；

（3）以 E 为圆心，AE 长为半径画弧，交 OD 于 F，连接 AF（第3步和第4步）；

（4）AF 为正五边形边长，用 AF 将圆周五等分，依次连接各分点，得正五边形；

（5）把这个正五边形的各条对角线连接起来，就得到一个正五角星。

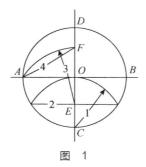

图　1

近似方法

这是"标准"、精确的尺规作图的画法。其实，正五边形和正五角星还可以用近似方法作出。这些近似方法虽然比较简单，但是精度不够，知识含量也不高，在科技，特别是计算机技术高速发展的今天，价值已经不大。然而，这些方法都是工匠们在实践中摸索出来的，可以看出，劳动人民的智慧值得赞赏和学习。

第一个方法的口诀是："城外道儿弯，城门五面开。"做法如下：

（1）画圆 O 的互相垂直的直径 AC、BD，分别以 B、C 为圆心，以圆 O 的直径为半径画弧，两弧相交于点 K，这是"城外道儿弯"的意思；

（2）连接 OK；

（3）以 OK 为单位长度在圆周上连续截取，就将圆周近似地五等分了，这是"城门五面开"的意思（图2）。

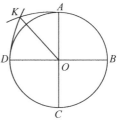

图　2

假定圆 O 的半径是 R，那么可以利用三

角形边长公式算出

$$OK \approx 1.164R。$$

我们知道，圆内接正五边形的边长约为 1.176R，可见两者误差不怎么大。

第二个方法的口诀是："六寸放一寸。"这句口诀的意思是：在圆半径 R 的基础上增加 $\frac{1}{6}R$，得 $\frac{7}{6}R$，以 $\frac{7}{6}R$ 为正五边形边长的近似值，就可以作出正五边形。因为

$$\frac{7}{6}R \approx 1.167R，$$

所以和正五边形边长的真值比较，误差也不大。

第三个方法的口诀是："直径三分开，飞梭织出五星来。"方法如下：

（1）将圆的直径 AB 三等分，分点为 C、D，这是"直径三分开"的意思；

（2）过 C 画垂直于 AB 的弦 EF；

（3）过 E、D 画弦 EH、过 F、D 画弦 FG，再连接 AG、AH，这就画成了五角星。

五角星的五条边是交叉画出来的，"飞梭织出五星来"就是这个意思（图 3）。但这个方法的误差稍大些。事实上，如果圆的直径是 d，那么应有

$$AC \approx 0.346d,$$

$$BC \approx 0.309d。$$

由此可见，用"直径三分开"来确定 C、D 是不够精确的。

图 3

第四个方法的口诀是："二十留十九，摆左又摆右。"方法如下：

（1）在圆的直径 AB 上取 BC 等于直径的 $\frac{1}{20}$，这样，AC 就等于 $\frac{19}{20}d$，这是"二十留十九"的意思；

（2）以 A 为圆心，AC 长为半径画弧，与圆周交于 D、E 两点，这好像钟摆"摆左又摆右"；

（3）再分别以 D、E 为圆心，仍以 AC 长为半径画弧，与圆周分别交于 G、F，顺次连接 A、G、E、D、F，就得到圆内接正五边形（图4）。

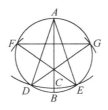

图 4

在这个画法中，

$$AE = \frac{19}{20}d = 0.95d,$$

而在精确的五角星中，应有

$$AE \approx 0.951d,$$

可见误差很小。

第五个方法的口诀是："四寸一寸三，五方把门关。"方法如下：

（1）画圆 O 的两条互相垂直的直径 AB、CD；

（2）在射线 OD 上截取 ON 等于 4，过 N 作 ON 的垂线 MN，截取 $MN = 1.3$，这就是"四寸一寸三"的意思；

（3）连接 OM，和圆周交于 E，连接 AE，再以 AE 为单位长度在圆周上顺次截取 5 次，就得到圆内接正五边形，这就是"五方把门关"的意思（图 5）。

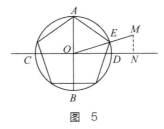

图 5

根据这个方法，

$$\tan\angle EOD = \frac{1.3}{4} = 0.325。$$

而正确的数据是

$$\angle EOD = 18°,$$

$$\tan 18° \approx 0.3249,$$

误差很小。

折纸法

正五边形、五角星还可以用折纸法剪出。方法是这样的：

拿一张长方形的纸，先对折，如图 6a 所示，再折成五等份，如图 6b 所示；在五等分的折线上，取点 A 和点 M，使 OM 比 $\frac{1}{3}OA$ 稍微长一点儿，沿斜线 AM 把图中阴影部分剪掉，然后把纸展开，就得到了一个正五角星，如图 6c 所示。

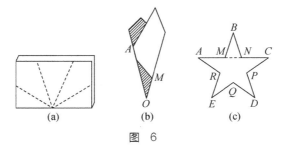

图　6

更巧妙的是，用一条长的纸带打结，能得到一个正五边形。结法是这样的：

先把纸带子打好一个结（图 7），然后拉紧压平，注意不要使它有皱纹；再截去伸出的部分，便结成一个正五边形了。

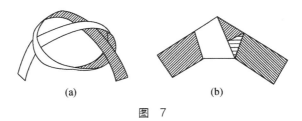

(a)　　　　　　　(b)

图　7

正五角星与黄金分割有着十分密切的关系。在任意一个正五角星上有好几个黄金分割点。像图 6c 的正五角星 *ABCDE* 中，*M*、*N*、*P*、*Q*、*R* 都是黄金分割点。点 *M* 不仅是 *AC* 和 *BE* 的黄金分割点，而且还是 *AN* 及 *BR* 的黄金分割点。

15 个弟兄分酒的故事

弟兄分酒

一共有 15 个人，他们义结弟兄。有一天，15 个弟兄在一起喝酒。

"干啊！干杯！"个个边喝边叫，热闹非凡。其中，甲已经有几分醉意。他指着一缸酒说："弟兄们！来，把这缸酒也喝了！"

弟兄们一拥而上，争先恐后地准备倒酒。忽然，乙开腔了："大家别吵，我们想个办法把这缸酒平分着喝。"

大家七嘴八舌地问："用什么办法才能平分这缸酒？这里又没有什么合适的工具。"

乙说："这里有一个钵头和一个瓢。不久前，我试过，3 钵水可以灌满这个缸，5 瓢水也可以灌满这个缸。也就是说，钵头的容积是缸的 $\frac{1}{3}$，瓢的容积是缸的 $\frac{1}{5}$。我们可以借用这钵头和瓢把这缸酒平分成为 15 份。"

大家问："怎么分呢？"

乙不慌不忙地从缸里盛了 1 瓢酒倒入钵头里，钵头当然没有被注满；再盛 1 瓢酒倒入钵头里，这次不但可以将钵头注满，而且瓢里还剩了一点儿酒。

"这瓢里剩下的酒就是一缸酒的 $\frac{1}{15}$，哪位来喝？"

有人上去一饮而尽。乙重复前面的步骤，将这缸酒一一分完。

"这样分酒公平，可这是什么道理呢？"甲问。

亲爱的读者，你知道这个道理吗？这个道理再简单不过了，只要用算术就可以算出来。因为

$$2 \times \frac{1}{5} - \frac{1}{3} = \frac{1}{15},$$

所以，两瓢酒减去一钵酒就等于这缸酒的 $\frac{1}{15}$。这个"弟兄分酒"原理可以用到将圆周 15 等分中。

将圆周 15 等分

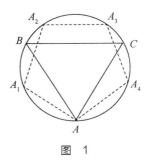

把圆周先分成三等份，这太容易了，每一份（图 1 中的 $\overset{\frown}{AB}$）就是圆周的 $\frac{1}{3}$。我们也能把圆周五等分，每份（图 1 中的 $\overset{\frown}{AA_1}$ 和 $\overset{\frown}{A_1A_2}$）是圆周的 $\frac{1}{5}$。因为 $2 \times$ 圆周的 $\frac{1}{5}$ － 圆周的 $\frac{1}{3}$ ＝ 圆周的 $\frac{1}{15}$。这样就可以得到一段弧（图 1 中的 $\overset{\frown}{BA_2}$），它是圆周的 $\frac{1}{15}$。会画这一段弧，再将圆周 15 等分就不难了。

图 1

将圆周 15 等分的问题，和上面讲的弟兄分酒的故事多么相像啊！我们可以用同样的思路将圆周 12 等分，等等。你也试试看吧。

拿破仑和几何学

拿破仑是法国历史上一位叱咤风云的人物。他南征北战，常常在极其不利的条件下，奇迹般地赢得战争的胜利。所以，他给后人留下了刚强、果断、百折不挠的印象。同时，他在后人的心目中也是一个放荡不羁的人。但是，拿破仑还有鲜为人知的一面：他对数学很感兴趣，还是个颇有见地的数学爱好者。

拿破仑曾经说过："数学的完善和进步与国家的兴旺是密切相关的。"在他成为法国的统治者之前，他就常常与当时的大数学家拉格朗日和拉普拉斯探讨数学问题。但是，作为一个业余数学爱好者，他在和大数学家对话时，总觉得有些难以沟通。因此，拉普拉斯有时不得不严肃地对拿破仑说："将军，我们从你那里得到的只是几何学中的戒律。"

相传，数学史上有两项成果是拿破仑发现的，其中一项是所谓的"拿破仑定理"：

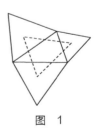

在任意三角形的各边向形外作等边三角形，那么，这三个等边三角形的中心构成一个等边三角形（图1）。

图 1

这条定理的证明不算太难，有兴趣的读者可以试证一下。这样构成的等边三角形叫"外拿破仑三角形"。如果不是向形外作等边三角形，而是向形内作等边三角形，则这三个等边三角形的中心也构成正三角形。这样构成的正三角形叫"内拿破仑三角形"。

拿破仑的另一项成果则是仅用圆规将圆周四等分。

有的读者会说："我们只听说过尺规作图，没有听说过仅用圆规作图。"其实，所有用尺规可以作出的图，单用圆规都可以作出，单用直尺也都可以作出。

有人会说："那你只用圆规画一条直线给我看看！"

这里有个说明，或者说有个约定，如果作出了直线上的任意两个点，那么我们就认为这条直线已经作出了。同样地，如果三角形的三个顶点被作出，那么我们就认为这个三角形已经作出了。

历史上最早研究单用圆规作图的人是阿拉伯数学家艾布·瓦法，他被后人称为"圆规几何学家"。后来，不少有名的数学家都被"单用圆规作图"这个问题所吸引。

拿破仑读了 1797 年出版的一位意大利数学家写的《圆规的几何》之后，对仅用圆规作图的问题很感兴趣。他给当时的法国数学家们出了一道题目：仅用圆规，而不用直尺，将一个圆周四等分。但后来，他自己解决了这个问题。

拿破仑的作图法是这样的：

（1）在圆周上任意取一点 A，在圆周上依次截取 $AB = BC = CD = R$。那么 A 和 D 点决定了圆的直径；

（2）分别以 A、D 为圆心，以 AC 长为半径画弧，两弧交于 M 点；

（3）以 A 为圆心，以 OM 长为半径画弧，和圆周交于 E、F，则 A、E、D、F 将圆周四等分。

为什么呢？因为 AC 是圆内接正三角形
的边长，所以，$AC = \sqrt{3} R$。在直角三角形
AMO 中，$AO = R$。$AM = AC = \sqrt{3} R$，所以
$OM = \sqrt{2} R$。而圆内接正方形的边长是 $\sqrt{2} R$，
所以，$AE = AF = DE = DF = \sqrt{2} R$，即 A、E、
D、F 四等分圆周（图 2）。

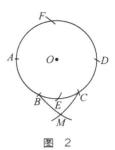

图 2

有人说，找到 D 点之后，只要将直径 AD 垂直平分，垂直平
分线和圆周的交点不就是另外两个四等分点吗，为什么还要用 OM
在圆周上依次截取呢？

不要忘了，现在是不准用直尺的。只要以 A、D 为圆心，以适当
的长为半径画弧，弧的两个交点决定了 AD 的垂直平分线。但是，
这条垂直平分线是不准用直尺画出来的，于是，我们也无法找出
这条垂直平分线和圆周的交点。

但也有人怀疑，这两项成果不是拿破仑自己做出来的，他们
认为拿破仑并不具备足够的几何知识发现这些成果，如同他可能
并不具有足够的英语水平写出那句著名的回文——"Able was I ere
I saw Elba"[1]———一样值得怀疑。这个问题恐怕要史学家来回答了。

---

[1] 据说，这是拿破仑被流放到厄尔巴岛时说过的一句话："被流放到厄尔巴
岛之前，我无所不能。"

巧裁缝

现在，大家大多从服装店里直接购买成品衣服，看不到衣服是怎么做出来的。像我这个年纪的人都亲眼见过裁缝师傅做衣服：量尺寸、划样、裁剪、缝制……同样做一件衣服，有的师傅用料省，有的师傅用料费。这里有一个怎么排料、怎么裁剪的问题。其实，不只是布料需要排料、裁剪，纸张、钢板等都会遇到排料和裁割问题。

我们先看一个怎样裁剪圆形的问题。

之前说过，在具有同样周长的图形中，圆的面积最大。人们还发现，用同样面积的材料做圆柱体罐头，做成底面直径等于高的圆柱体罐头，其容积最大。但是，任何事情都有两面性——有好的一面，也有不好的一面。一方面，我们利用圆可以得到最大面积、最大容积；另一方面，从任何形状的大块铁皮上裁割圆片，都会有余料，造成原材料的浪费。

为了减少浪费，提高利用率，人们在裁割圆料时精打细算，找出许多比较经济的设计方案。

在一个正方形中裁割 2 个面积最大的相同的圆，不应该像图 1 那样排料，而应该像图 2 那样排料：前者的利用率只有 39%，后者却是 54%。

在一个正方形内要裁出 3 个同样大小的圆，应该像图 3 那样安排用料，这时的利用率达到 61%。

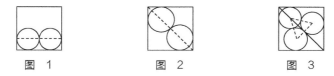

图 1　　　　　　图 2　　　　　　图 3

在一个正方形内裁剪 4 个、5 个、6 个同样大小的圆，又该怎样排料呢？瞧，图 4、图 5、图 6 分别是它们的最经济的排料法。

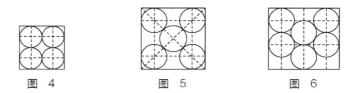

图 4　　　　　　图 5　　　　　　图 6

如果在一张大圆形铁皮内裁剪几个相同的小圆，则可以像图 7、图 8、图 9、图 10 那样安排用料。

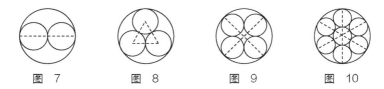

图 7　　　图 8　　　图 9　　　图 10

在正方形里裁割正方形通常没有趣味，但下面的问题可不一样，这是一道名题。这道名题是从一个等式中得到启发而产生的。

将 $1^2, 2^2, 3^2, \cdots$ 逐个累加起来，

$$1^2 + 2^2 = 5,$$
$$1^2 + 2^2 + 3^2 = 14,$$
$$1^2 + 2^2 + 3^2 + 4^2 = 30,$$
$$\vdots$$

这些和都不是完全平方数。再加下去，一直加到 24 的平方，才出现巧合，

$$1^2 + 2^2 + 3^2 + \cdots + 24^2 = 4900 = 70^2$$

其和恰巧是 70 的平方。

但是，在一块 70×70 的正方形上，无法不重叠地裁剪出 $1 \times 1, 2 \times 2, \cdots, 24 \times 24$ 这 24 个小正方形。那么，我们把要求放低，能不能裁剪出这 24 个小正方形中的若干个，使余料尽可能小呢？

这个题目最早出现在美国科普杂志《科学美国人》上。这道名题引起了很多读者的兴趣，但是能够解出此题的人寥寥无几。《科学美国人》杂志给出的答案是："除了 7×7 的小正方形，大正方形里可以裁剪出余下的 23 个正方形，余料面积是 49 个单位，恰巧是大正方形总面积的 $\dfrac{1}{100}$（图 11）。"

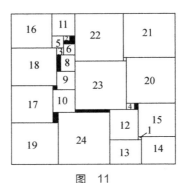

图 11

"数学奥林匹克"中的佳话

数学奥林匹克的历史

2008 年，奥林匹克运动会在北京召开，取得了巨大的成功，中国人志气大长。每四年一次的奥林匹克运动会总会吸引全世界的广大体育迷——就算你不是体育迷，在媒体的"狂轰滥炸"之下，你也会被卷进这股体育浪潮中去。因为"奥林匹克"这个词有如此巨大的力量，所以这个词经常被"移植"到其他的场合，如"数学奥林匹克""头脑奥林匹克"。

国际数学奥林匹克竞赛就是数学竞赛。现代意义上的数学竞赛起源于匈牙利，至今已经有 100 多年的历史了。

当时，匈牙利著名的数学家、物理学家埃特沃什男爵组建了数理学会，并出任匈牙利教育部长。在他的领导下，由数理学会出面组织了全国性的数学考试，因此，人们把这种考试叫作"埃特沃什男爵考试"，后来，这种考试又改称"库尔俄克考试"。

"埃特沃什男爵考试"也好，"库尔俄克考试"也好，这就是一种数学竞赛。这种数学竞赛自 1894 年起每年举行一次，但仅在两次世界大战期间就中断了 6 年，并在 1956 年停办了一次。匈牙利这么一个小小的国家能够培养出那么多数学家，在现代数学界里甚至可以形成一个匈牙利学派，这和如此早、如此长期不间断地开展数学竞赛不无关系。

从 1959 年开始，数学竞赛从一个国家走向世界。当时，竞赛仅仅局限在东欧国家举办。第一届国际数学竞赛在罗马尼亚举行，参赛的有罗马尼亚、保加利亚、匈牙利、波兰等 7 个国家。后来，其他国家也加入进来。

竞赛中的有趣的事

国际数学奥林匹克竞赛中有过好多有趣的事。

1961 年，当年的民主德国召开了一次会议。这次会议讨论的不是社会、经济或军事问题，而是关于数学奥林匹克的问题，中心议题是："为什么在两届国际数学奥林匹克竞赛中，民主德国都是倒数第一名？"

由于政府的重视，民主德国很快取得了好成绩，到了 1966 年的第 8 届国际数学奥林匹克竞赛，民主德国获得了第 3 名，在 1967 年的第 9 届竞赛中获得了第 2 名，在 1968 年的第 10 届竞赛中获得了第 1 名。

在国际数学奥林匹克竞赛的历史上，参加比赛并获得金牌的选手中年龄最小的是澳大利亚的华裔少年陶哲轩。他参加了第 27、第 28 和第 29 届比赛。在第 27 届比赛中，他得了铜牌；到了参加第 28 届时，他的前五题都得了满分，只在最后一道题被扣了 2 分，总分达到 40 分——可惜，这一届的高分选手太多，他只能屈居银牌。在第 29 届比赛中，陶哲轩终于获得金牌。当时，他才 12

岁。后来陶哲轩成为著名的数学家，荣获了菲尔兹奖。

国际数学奥林匹克竞赛有个规定，参加比赛的选手的年龄不得超过 20 岁。但是据有关专家的统计，年龄大的选手并不占优势——17 岁是最佳年龄。这也从一个侧面反映了，数学是年轻人的事业。

国际数学奥林匹克竞赛的试题都是很难的，但是还没有一道题目能难倒所有选手。倒是一些数学家在面对一些试题时显得有点儿束手无策。在第 24 届竞赛时，当时的全体主试委员没有一个人能够解出第六题。后来，他们把题目交给了澳大利亚四位最有实力的数学家，他们每人花了一天时间，最终仍然没有解出题目。但是，说来你可能不相信，最终有 11 名年轻的参赛选手解出了这道题目。后生可畏啊！

中国的数学竞赛历史是从 1956 年开始的，在当时的中科院数学研究所所长华罗庚教授等前辈数学家的积极倡导下，中国的数学竞赛得以开展起来。1985 年，中国首次参加国际数学奥林匹克竞赛。1989 年，中国有 6 名队员参加比赛，结果获得了总分 37 分的好成绩，并得了 4 块金牌、2 块银牌，首次获得总分第一、金牌数第一。

那一年的比赛在联邦德国举行。赛前就有一位中国选手说："这次该轮到我国得第一了。"当有人问他为什么这么说时，他风趣地说："1985 年，我们是第 32 名，1986 年是第 4 名，1987 年是第 8 名，1988 年是第 2 名——这些名次都是 2 的整数次幂，所以这次我们理所当然是第 1 名——2 的 0 次幂！"他的回答引得大家哈哈大笑。或许这是一种预感，但更说明，我国队员和教练的信心十足。

中国队一直是国际数学奥林匹克竞赛中的佼佼者，多次获得团体金牌。在 2019 年的比赛中，中国队又荣获团体第一名。

化圆为方有续篇

"三大难题"之一 ── 化圆为方

早在古希腊时代就出现了几何学的"三大难题"：三等分任意角、立方倍积、化圆为方。所谓"化圆为方"，就是用直尺和圆规，作出一个和已知圆面积相同的正方形。

有人想，可能因为这两个图形一个是曲线形，一个是直线形，所以面积不会相等。这倒不是原因。古希腊数学家希波克拉底很早就成功地将一个月牙形等积地化为一个三角形（图 1）。

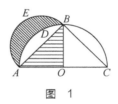

图　1

等腰直角三角形 ABC 内接于半圆 ABC，以 AB 边为直径作半圆 AEB。假定半圆 ABC 的半径是 R，那么

$$S_{半圆 ABC} = \frac{1}{2}\pi R^2,$$

$$S_{半圆 ABE} = \frac{1}{2}\pi\left(\frac{\sqrt{2}}{2}R\right)^2,$$

所以

$$S_{半圆 ABC} : S_{半圆 ABE} = 2 : 1。$$

因此

$$S_{半圆\ ABE} = S_{扇形\ AOB}。$$

现在把二者的公共部分（弓形 ADB）去掉，就得到以曲线弧为边的月牙形 $AEBD$ 的面积等于一个三角形（直线形 AOB）的面积。

这一例子曾经鼓舞人们去寻求化圆为方的方法，然而大家还是一次又一次地失败了。

化圆为方的近似解法

其实，如果不要求精确，只要求近似，即使限定用尺规，方法还是有的。

1836 年，俄国工程师宾格发明了一块三角板。这块三角板的一个角和普通三角板一样是直角，而其中一个锐角不是 45°，也不是 30° 和 60°，而是 27°36′。这个三角板叫作"宾格三角板"。利用宾格三角板，可以很轻松地化圆为方。当然，这种方法是近似的。

具体操作的时候，是将宾格三角板的 27°36′ 角的那个顶点 A 靠在圆上，斜边通过圆心，并和圆交于 B 点。这时，组成 $\angle A$ 的一条直角边和圆交于 C 点，那么以 AC 为边的正方形的面积就近似等于圆面积（图 2）。

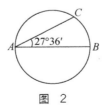

图　2

这里有什么道理呢？其实很简单。

设 $AB = 2R$，那么

$$S_圆 = \pi R^2。$$

此时

$$AC = 2R\cos 27°36'$$
$$\approx 2 \times 0.886R。$$

以 AC 为一边的正方形的面积就是

$$S_{正方形} = (2 \times 0.886R)^2$$
$$= 3.139\,984R^2。$$

可见

$$S_{正方形} \approx S_圆。$$

如果没有尺规的限制，问题也容易解决。欧洲文艺复兴时期的大师达·芬奇曾提出一个巧妙的办法。取一圆柱，使底与已知圆相同，高是半径的一半，将圆柱滚动一周，产生一个矩形，其面积为

$$2\pi R \times \frac{R}{2} = \pi R^2，$$

正好是圆的面积。再将矩形化为正方形，这只要利用几何里的等积变形的知识就可以了。这样，问题就解决了。

"不可能" 的问题

自从笛卡儿创立了解析几何，这就为从代数上研究尺规作图提供了手段。在 1882 年林德曼证明了 π 是超越数之后，大数学家克莱因于 1895 年给出了三大几何问题不可解决的简单证法，彻底

解决了数千年的悬案。原来"化圆为方"问题不是"难题"，而是尺规作图的"不可能"问题。

问题的续篇

然而，事情并没有完结。到了 20 世纪，"化圆为方"问题又有了续篇。首先，人们早就证明，任何多边形总可通过割补，变形成一个正方形。但是圆的情形又怎样呢？有人从另一个角度提出问题：我们可不可以分割一个圆，之后，再把这些碎片重新拼成一个正方形呢？

还有，20 世纪以来，出现了集合的概念。线段可以被看成点集，圆可以被看成点集，正方形也可以被看成点集。而且，几何图形的面积概念被推广为集合的测度概念。在这一思想的推动下，人们又提出：能不能把一个圆（点集）拆成若干个点集，这些点集不一定是以线为边的几何图形，使它们可以拼成一个正方形？这时，拆开的方法已比过去复杂了不知多少倍，人们也许会从中找出一种特殊的拆法，使新的意义上的"化圆为方"获得成功。

这个问题是在 1925 年由阿尔弗雷德·塔尔斯基提出来的。时间已过去了将近 100 年，这个问题至今仍未获解决。化圆为方这个古老的难题，竟然会引出和 20 世纪的现代数学有如此紧密联系的新问题，数学的发展轨迹实在是太有意思了。

第三篇

非圆曲线

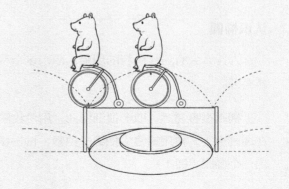

杰尼西亚的耳朵

一个希腊传说

传说，古希腊叙拉古王朝的暴君杰尼西亚把众多老百姓投入了监狱。一座监狱设在西西里岛的一个采石窟，采石窟很深，窟底到洞口有 30 多米，洞口有凶狠的狱卒把守着。

难友们多次在采石窟里商讨越狱计划，但都很快被杰尼西亚知道了，组织越狱的人遭到残酷杀害。难友们怀疑内部出了奸细，细细分析却没有任何迹象。

"这是怎么回事呢？"问题一直在难友们心中盘旋。

难友们不知是什么缘故，只能诅咒，并把这个山洞叫作"杰尼西亚的耳朵"，意思是："我们说什么悄悄话，这只耳朵都能听到。"后来人们才知道，难友们在这个采石窟里的低声谈话，守在洞口的狱卒可以听得清清楚楚。

认识椭圆

为什么会有这样奇特的现象？原来这个现象和椭圆的一个性质有关。

椭圆很容易画。取一根细绳儿，用两枚图钉把它的两端固定在图画板上，再用铅笔尖把绳子拉紧，慢慢移动铅笔，就可以画出一个椭圆（图 1）。

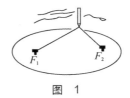

图　1

钉图钉的两个点叫作椭圆的"焦点"。从一个焦点发出的光或声音，经过椭圆周反射，可以全部聚集到另一个焦点处。这个性质叫作椭圆的光学性质。

椭圆的这个性质有好多用处。古希腊人曾建造过一个椭球形屋顶的音乐厅，演奏台设在其中一个焦点处。这样，音乐厅里一个乐队演奏，两个地方同时发声，就相当于两支乐队同时在演奏，音响效果很好。

美国爱达荷州的盐湖城有个教堂，屋顶也是椭球形的，圣坛也设在一个焦点上，圣坛前安装着一个半身人像。另一个焦点隐蔽起来，在那儿发出的声音通过椭球形屋顶传到圣坛旁，因此，走进教堂的人觉得是半身人像在说话、唱歌，不禁会产生一种神秘感。

在 20 世纪六七十年代，我国广大农村地区没有电，当然谈不上看电影了。为了让广大农民，特别是山沟沟里的农民能够看到电影，我国的科技工作者发明了一种小型的电影放映机，用普通电源甚至蓄电池就可以放电影。

把电影胶片上的图像放映在比它大许多倍的银幕上，需要一束很强的光线。普通灯泡发出的光射向四面八方，要是用它做光源，只有很小一部分光能照在胶片上，其余的光就全都浪费了。

这种小型的电影放映机就是要解决如何把光线集中起来，尽可能多地照在胶片上的问题。

椭圆的光学性质可以帮助我们。在一个焦点处安置一个光源，它发出的光线本来是向四面八方射出的，但在经过包围在光源外的一个椭球镜面反射之后，光就集中到另一个焦点处了。当然，另一个焦点处就有了相当的亮度，电影胶片就放在另一个焦点处。利用这些集中起来的光线，就可以放电影了，小型放映机就是利用这一点制成的。

回头来看本节一开始提出的问题。当年，这个被囚犯们诅咒为"杰尼西亚的耳朵"的山洞正是一个椭球形的山洞，狱卒所在的洞口正是一个焦点的所在地，而囚犯聚集的地方又恰巧在另一个焦点附近，因而他们密谈的声波就通过洞壁反射到洞口狱卒的耳中了。这就是"杰尼西亚的耳朵"的秘密。

圆锥曲线各有妙用

数学里把椭圆、抛物线、双曲线这三种曲线叫作圆锥曲线，这三种曲线有各不相同的光学性质。

什么是抛物线呢？把一只篮球向空中斜扔出去，如果不考虑空气阻力等因素，篮球在空中划过的曲线就是抛物线。

抛物线也有焦点。如果在焦点处放置一个灯泡，灯泡发出的光线经过抛物线反射后，能变成一束平行光线照射出去。反过来，和抛物线对称轴平行的光线照射到抛物线上，经过反射也会聚集在焦点处。这个性质就是抛物线的光学性质（图2）。

图 2

　　把抛物线绕对称轴旋转一周，得到的曲面叫抛物面。和抛物线一样，抛物面也有聚光性。

　　太阳灶就是利用这个性质设计而成的。当太阳光沿对称轴方向照射到太阳灶内壁后，就被反射到焦点处，在那儿产生很高的温度。有一种太阳灶，模样像一把倒立的撑开的伞，伞面用性能良好的反光材料制成，伞面直径为一米多。在天气晴朗的日子里，其焦点处的温度可以达到六七百摄氏度。英语中的"focus"（意为"焦点"）一词源于希腊语，原意是"火"和"炉子"。太阳灶的出现，使这个词名副其实。历史上第一个利用抛物面的聚光性的人是古希腊的阿基米德。传说，当古罗马军队打算从海上进攻叙拉古城的时候，阿基米德制造了巨大的抛物镜，用聚集起来的阳光焚毁了古罗马军队的船只。

　　有趣的是，猫的耳郭也是旋转抛物面。难怪猫的听觉那么灵敏，即使是一丝极其微弱的鼠叫声也逃不过它的耳朵，原来，声音通过耳郭反射集中到它的听觉器官上了。

　　今天，抛物面的聚光性在许多领域中得到了应用。手电筒、探照灯、舞台照明灯的反光罩都是抛物面，所以这些灯射出的光都是一束束平行线，能照得很远。接收各种声波、电波的雷达，以及安装在一些建筑的屋顶上的卫星电视接收天线，也呈抛物面。因为声波、电波的传播和光的传播相同，一束声波沿着对称轴方向传到抛物面之后，经过反射，也会聚集在焦点处。

和抛物线相反，双曲线的光学性质是"散光性"。焦点处发出的光线经过双曲线的反射，向四面八方散射出去（图 3）。这种性质也有它的用处。我们可以看到机场、火车站广场、体育场上的灯光芒四射，照射的范围很大，就是用了双曲面做反射镜的缘故。

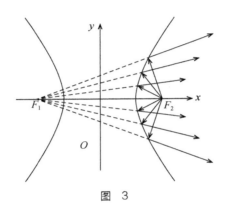

图 3

齿轮一定是圆的吗？

我们通常见到的齿轮，其毛坯都是薄圆柱形的，然后人们在这个圆柱形的毛坯上加工出一个个槽来，才制成齿轮。

为什么要用圆柱形呢？这是因为，当两圆相切的时候，圆心距等于两圆半径之和。利用这个特性，在两个齿轮（圆）的中心（圆心）处都开一个小孔，把两根轴分别安装在两个齿轮的中心，调节两根轴的距离或调节两个齿轮的大小，就能使两轴间的距离（圆心距）等于两个齿轮的半径之和。这样，不管齿轮转到什么位置，两个齿轮既不会脱空，也不会轧死。

如果换一种形状的齿轮，比如说，一个齿轮是圆形的，一个齿轮是椭圆形的，那就糟了。

如图 1a 所示，把轴分别安装在圆的圆心及椭圆的中心处，并且使两轴间的距离等于圆半径和椭圆的长半轴（图 1 中 $O'A$ 叫长半轴）的和，那么，当齿轮稍一转动，两个齿轮马上就发生脱空现象，也就是说，两个齿轮不能碰到一起了（图 1b）。

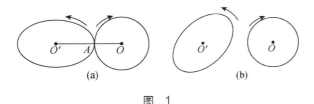

(a)　　　　　　　　(b)

图　　1

如图 2 所示，如果使两轴间的距离等于圆半径和椭圆的短半轴（图 2 中的 $O'B$ 就是椭圆的短半轴）的和，那么，这对齿轮将发生轧死现象（图 2），根本无法转动。

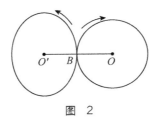

图 2

那么，是不是齿轮非得用圆形的呢？这可不一定。我们可以用两个椭圆形齿轮，通过正确的安装达到啮合传动的目的。你相信吗？

图 3 中的两个椭圆形齿轮的大小是一样的，且轴都安装在右焦点上。当这对椭圆形齿轮转动的时候，绝对不会发生脱空和轧死的现象。如果你有兴趣，可以剪两块椭圆形纸板试试。

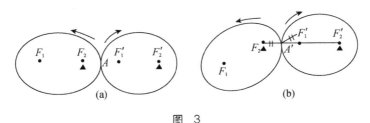

图 3

为什么两个大小相同的椭圆形齿轮能够啮合传动呢？这是因为椭圆有一个特点：椭圆周上的任一点到两个焦点的距离之和都相等，而且等于长轴的长（图 4 中 AA' 叫长轴）。根据图 3 的安装方式，两个椭圆轴心间的距离恰巧等于长轴的长。图 3a 中的啮合点（切点）A 到轴心 F_2、F_2' 的距离之和就是长轴的长。

当两个椭圆转动到图 3b 的位置时，啮合点（切点）A' 到两轴心 F_2、F_2' 的距离之和是 $A'F_2 + A'F_2'$。因为两个椭圆大小相同，所以 $A'F_2 = A'F_1'$，

$$A'F_2 + A'F_2' = A'F_1' + A'F_2'。$$

这恰好是一个椭圆周上的一点到其两焦点的距离之和，应该等于长轴，而轴心间的距离也等于长轴。所以啮合点到两个轴心的距离之和等于两个轴心间的距离。可见，两个椭圆形齿轮是可以顺利地转动的，绝不会脱空和轧死。

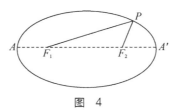

图　4

非圆齿轮应用很广泛，家家户户都有的自来水流量表中就用了一对椭圆形齿轮。

哈雷彗星

我们知道，行星和彗星绕太阳旋转，运行的轨道是椭圆；卫星绕地球旋转，运行的轨道也是椭圆。中国第一颗人造卫星在 1970 年发射成功。它的远地点是 2368 千米，近地点是 441 千米，绕地球一周的时间为 114 分钟。根据其远地点和近地点，我们就可以推导出这颗人造卫星的椭圆轨道方程。近年来，我国的航天事业飞速发展，人造卫星已经越来越多了，如"北斗三号"等。

哈雷的预言

人们对卫星的认识比较早，但是对彗星的认识就晚得多。在我国古代，彗星被称为"扫帚星"，它被视为会给人带来灾难的星星。

1680 年的大彗星出现后，牛顿出版了《自然哲学的数学原理》一书，依据他自己得出的万有引力定律，算出了这颗彗星的椭圆轨道，并预测每 500 ~ 600 年，它可以回归太阳附近一次。

原来，彗星的轨道也是椭圆，只是这个椭圆很扁很扁，有时离开地球很远很远。

牛顿的朋友哈雷受到牛顿思想的启发，发现在 1531 年和 1607 年出现的彗星轨道很相似，而且这些轨道和自己观测到的 1682 年出现的彗星轨道也很相似。他猜想，这三次出现的彗星可能是同一颗彗星。如果这个猜想成立的话，他算出这颗彗星的周期是 76 年。于是他预言，1758 年这颗彗星将再次出现。因为哈雷本人不可能活到这颗彗星重新光临的那一刻，所以很多人嘲笑他在吹大牛。

1743 年，法国数学家克雷罗进行了复核，认为这颗彗星将在 1759 年而不是在 1758 年再次出现。到了 1759 年，这颗彗星真的拖着长长的尾巴壮观地出现在天空。这件事在科学界引起了轰动，它证实了哈雷的预言——这是科学的胜利。为了纪念哈雷的功绩，人们把这颗彗星叫作"哈雷彗星"。

最早、最完整的哈雷彗星出现的记录

哈雷彗星在中国的史籍里早有记载。《淮南子·兵略训》说："武王伐纣，东面而迎岁，至汜而水，至共头而坠，彗星出，而授殷人其柄。"意思是，在周武王讨伐商纣王的路上，天空中出现了彗星，而这种现象在古代中国被视为"不详"和"失德"，这相当于给了殷人一个把柄。据中国天文学家张钰哲推算，这是公元前 1057 年哈雷彗星回归的记录。这个记录比欧洲最早的记录还要早 1100 多年，堪称哈雷彗星最早的"档案"。

中国拥有最多的关于哈雷彗星的历史记载。若把公元前 1057 年彗星的回归当作第一次记录，在哈雷彗星的 40 次回归中，中国保留了 32 次记录，次数之多为世界之冠。

彗星是扫帚星吗？

古代的中国人经常把彗星当成"扫帚星"，觉得它的出现会带来灾难。其实，在西方各国也有类似的说法。伴随着哈雷彗星的出现，历史曾经出现过戏剧性的一幕，那是 1910 年的事。

某一年，天文学家的计算出了错误，说 1910 年哈雷彗星将再次出现，而且会和地球相撞。有人散布说："世界末日"即将来临。一时间，世间一片恐慌，人们充满绝望。可惜他们白白恐慌了，因为后来天文学家又重新进行了计算，发现原先计算的结果是不正确的，问题没有那么严重，哈雷彗星不会和地球相撞，而只是它的"尾巴"将"扫"着地球而已。

绝望的情绪被制止住了，但恐慌并没有被完全平息。因为有人声称，尽管哈雷彗星不会和地球相撞，但它的"尾巴"是由一些剧毒物质组成的，人们即使不被彗星撞死，也会被它的"尾巴"毒死。这群人提心吊胆地等来了这一天……结果怎么样呢？大家都安然无恙，只不过看到了一片壮观的天文景象。

天文现象对地球确有影响，但有时则是杞人忧天，更有人出于某种目的借此兴风作浪，扰乱社会。1555 年，法国"预言家"诺查丹玛斯预言，1999 年 7 月，人类将有大劫难。到了 20 世纪70 年代，日本人五岛勉把这个说法传播到亚洲，并煞有介事地说，经精确计算，"人类大劫难"应发生在 1999 年 8 月 18 日。他说，那天太阳系的十个星球将排成一个"十"字，并称之为"恐怖大十字"。在这之前，有媒体对大劫难的预言进行了调查，约 30% 的人认为"有可能发生"，47% 的人认为"不可能发生"或"不当回事"，11% 的人认为"即使有什么，也不会有大影响"，只有 1% 的人"非常担心"。事实上，那天平安无事。

哈雷彗星最近一次光临地球是在 1985 年。人们既没有惊慌，也没有感到晦气，而是争先恐后地了解哈雷彗星的进程，或者上天文台观察实况，或者从电视里收看录像。毕竟，新一代的人们是在科学精神的熏陶下成长起来的。

哈雷彗星的将来

根据预测，哈雷彗星的下一次回归大约在 2061 年或 2062 年，年轻的读者们届时可以一饱眼福。

一般来说，公转周期短于 200 年的彗星被称为短周期彗星，已知周期最短的彗星名为"恩克彗星"，每隔 3 年 106 天，地球上的人们就能见到它一次。公转周期超过 200 年的彗星被称为长周期彗星，它们的轨道扁长，所以在远离太阳的时候，其轨道可以延伸到九大行星的运行范围之外。往往要过几百、几千年甚至更长时间，它们才能回到太阳附近一次。

那么，太空中有多少彗星？有人估计，太阳系里的彗星总数约有 1000 亿颗之多。

椭圆面积和卡瓦列里

圆面积等于 πr^2，椭圆的面积怎么求？一位名叫卡瓦列里的意大利数学家想出了一个办法。

如图 1 所示，画出 $\dfrac{1}{4}$ 的圆和 $\dfrac{1}{4}$ 的椭圆，圆的半径和椭圆的长轴、短轴相合。设椭圆的长半轴长为 a，短半轴的长为 b，并且假设圆的半径等于椭圆的短半轴。

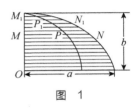

图 1

在这个基础上，卡瓦列里画了一系列平行线，使它们都平行于长轴。卡瓦列里根据椭圆的性质推出，假定任何一条平行于长轴的直线和短轴交于 M，和圆周交于 P，和椭圆周交于 N，那么这条直线在圆内的部分 MP 和在椭圆内的部分 MN 的比都等于 $\dfrac{b}{a}$。

既然每一条平行于长轴的直线都有这样的性质，而且面是由线组成的，卡瓦列里认为，$\dfrac{1}{4}$ 的圆面积和 $\dfrac{1}{4}$ 的椭圆面积的比也应该是 $\dfrac{b}{a}$。于是，圆面积和椭圆面积的比也是 $\dfrac{b}{a}$。即

$$\frac{S_{圆}}{S_{椭圆}} = \frac{b}{a},$$

而

$$S_{圆} = \pi b^2,$$

所以，

$$S_{椭圆} = \pi b^2 \times \frac{a}{b} = \pi ab。$$

卡瓦列里是伟大的物理学家伽利略的学生。他的这种求椭圆面积的方法在国外叫作"卡瓦列里原理"。其实，它就是我国的"祖暅原理"，而祖暅的研究比卡瓦列里早了 1000 多年。祖暅原理是微积分的基本原理之一——尽管在伽利略和祖暅这两人生活的时代，微积分还没有诞生。

卡瓦列里在创造了卡瓦列里原理之后，写了一本《不可分量的几何学》，该书备受称赞，但书中的理论也遭到了不少指责。这倒不是因为学术界的落后势力从中作梗，而是因为卡瓦列里原理在当时还不完善。卡瓦列里原理有一定的使用范围，不可乱用，一旦被乱用，就会闹出大笑话。在这里，我就给大家看一则笑话。

在 $\triangle ABC$ 中（图 2），$AB > AC$，作高 AD。然后，画 BC 的一系列的平行线 N_1N_1'，N_2N_2'，N_3N_3'，…，过 N_1，N_2，N_3，…以及 N_1'，N_2'，N_3'，…点作 AD 的平行线 N_1M_1、$N_1'M_1'$、N_2M_2、$N_2'M_2'$ 等。根据卡瓦列里原理，面是由线组成的，$\triangle ABD$ 由线段 N_1M_1，N_2M_2，N_3M_3，…组成，$\triangle ACD$ 由线段 $N_1'M_1'$，$N_2'M_2'$，$N_3'M_3'$，…组成，而 $N_1M_1 = N_1'M_1'$，$N_2M_2 = N_2'M_2'$，$N_3M_3 = N_3'M_3'$，…，所以

$$S_{\triangle ABD} = S_{\triangle ACD}。$$

这样一来，我们居然证明了任意两个三角形都全等，岂非怪事？

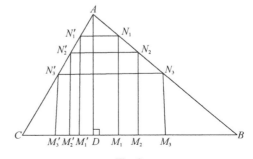

图 2

会走钢丝的小熊

有一种玩具，其结构是这样的：玩具的底座是一块板，板上开了一个凹陷的圆洞；圆内另有一块小圆板，小圆板是可以活动的；小圆板边缘的某处竖起一根细棒，细棒的顶端安放着一只小熊；在底座的适当位置上，架着两根细细的小棒，小棒之间拉了一根钢丝，而钢丝正巧在小熊的脚下。

这个玩具是这样玩的：我们用手拨动小圆板，使它紧贴着大圆洞的圆周内壁滚动，小圆板上的小熊自然就跟着运动。奇怪的是，小圆板做的是滚动，而小熊做的却是直线运动，看起来就像小熊在钢丝上行走一样（图1）。

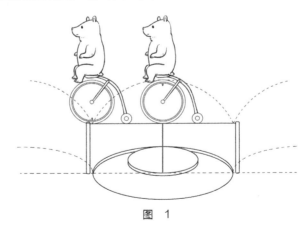

图　1

为什么小圆板做的是滚动，而小熊做的是直线运动呢？这要从摆线说起。

我们很多人骑过自行车，知道自行车的轮子上有一个打气用的气门。如果把这个气门当作一个点，那么，当自行车轮子向前滚动时，这一点是怎么运动的呢？它的运动轨迹是怎样的呢？凭空想象不太容易，让我们动手画一下（图2）。

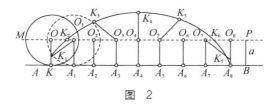

图　2

轮子向前滚动 1 周，就是滚过了 1 个圆的周长。我们把 1 个周长分成 8 段，每 1 段是 $\frac{1}{8}$ 个周长。

假设开始时，气门这个点 K 在最低处。

当轮子滚过 $\frac{1}{8}$ 个周长之后，气门到了 K_1 的位置。

当轮子再滚过 $\frac{1}{8}$ 个周长之后，气门到了 K_2 的位置。

当轮子又滚过 $\frac{1}{8}$ 个周长之后，气门到了 K_3 的位置。

当轮子再滚过 $\frac{1}{8}$ 个周长，也就是总共滚过了半个周长之后，气门当然从最低处到了最高处，即图中 K_4 的位置。

再滚下去，气门又从最高处慢慢地回到最低处。

经过这样一个过程，气门这个点画出了一条"拱"状的曲线。轮子继续向前行进，画出一个又一个这样的"拱"……这条曲线叫摆线，也叫旋轮线（图 1 中的虚线）。

一个圆沿着直线滚动，圆上的一定点的轨迹是一条摆线。一个圆沿着另一个圆的内壁滚动，圆上的一定点的轨迹也是一种摆线，叫内摆线；沿着另一个圆的外壁滚动，则产生外摆线（图 3）。

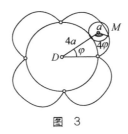

图 3

有一种玩具叫繁花曲线规，过去也叫"繁花轨"，其中有一个大圆和一个小圆。把一支铅笔插在小圆的某一个孔里，推动小圆紧贴着一个大圆的内壁滚动。随着小圆滚动，铅笔就画出一个个内摆线的"拱"，形成了美丽的图案。

然而，当小"动圆"的半径是大"定圆"的一半时，小圆周上某一定点的运动轨迹是一条直线，即大圆周的直径。

在图 4 中，大圆的半径是 R，小圆的半径是 $\frac{1}{2}R$。由于圆周长和半径成正比，所以，大圆的周长也是小圆的周长的 2 倍。我们把小圆周分成四等份，A、B、C、D 是四个分点。每段弧长是小圆周的 $\frac{1}{4}$，是大圆周的 $\frac{1}{8}$。

开始时，小圆上的定点 A 和大圆相切，定点 C 在大圆的圆心处（图 4a）。

小圆紧贴着大圆周内壁滚动，慢慢地，小圆上的 B 点落在大圆周上。此时我们把小圆上的 A、B、C、D 这四个点的新的位置记作 A_1、B_1、C_1、D_1。两圆相切于 B_1 点，A_1 点当然脱离了大圆周，D_1 点到了大圆圆心的位置。可以证明，此时 $\angle B_1 D_1 A_1$ 等于 45°，A_1 点在大圆直径上（图 4b）。

再滚，C_2 点落在了大圆周上。此时，A_2 点在大圆的圆心位置上（图 4c）。

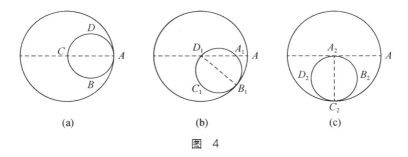

(a)　　　　　　　(b)　　　　　　　(c)

图　4

最后，小圆滚了 1 圈，因为小圆的周长是大圆的周长的一半，小圆上的定点 A 又落在了大圆周上。

可见，小圆上的定点 A 的运动轨迹是大圆的直径。"小熊走钢丝"的玩具就是根据这个原理设计出来的。不管小圆怎么滚，小圆上的定点（上面安装的小熊）走的却是直线！

爱情的几何表白式

笛卡儿是 17 世纪的法国数学家，他是解析几何的创始人。在中学，大家应该都学过平面直角坐标系，它也被称为"笛卡儿直角坐标系"。

假如笛卡儿恋爱了，那他怎么向心爱的人表白呢？数学家其实不傻，他们也会恋爱，而且他们的爱情表白更不落俗套、与众不同、别有韵味。

据传说，笛卡儿曾流落到瑞典，当了美丽的瑞典公主克里斯蒂娜的数学老师。笛卡儿发现公主不但美丽，而且聪明伶俐，两人很快坠入爱河。国王知道了这件事，他当然不会答应这段"师生恋"，不但棒打鸳鸯，还没收了后来笛卡儿写给公主的所有信件。笛卡儿心中郁闷，继而染病，不久就去世了。

他在临死前给公主寄去了最后一份神秘信件。信里写了什么？大家想来一定是情话。不！信中只有一行字：

$$r = a(1 - \sin\theta)。$$

这是什么意思？

当然啦，国王和大臣们都看不懂这是什么意思，只好把信件交还给公主。公主怀着悲痛的心情在纸上先画出一个极坐标系，然后描下方程的各个点，终于解开了信中的秘密——这是一条心形线（图 1）。

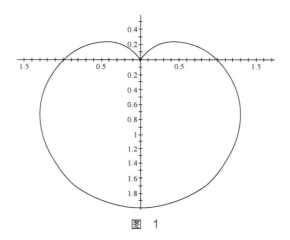

图 1

　　这个故事简直赛过梁山伯与祝英台、罗密欧与朱丽叶那样的爱情传说！看来，数学家也有自己的浪漫方式啊。

　　其实，笛卡儿和克里斯蒂娜确实相识，然而，笛卡儿是在 1649 年应克里斯蒂娜本人的邀请才来到的瑞典——当时，克里斯蒂娜已经是瑞典的女王了。并且，笛卡儿与克里斯蒂娜谈论的主要是哲学问题。据史料记载，女王学习十分勤奋，把自己的生活节奏安排得很紧张，所以，笛卡儿只能每天早晨四五点就从床上爬起来，与女王探讨哲学。不久后，瑞典寒冷的天气加上过度操劳，让笛卡儿不幸罹患肺炎——这才是笛卡儿真正的死因。

爱情曲线种种

　　其实，形如心形的曲线不止一个，不同的函数能构造不同的心形线。图 2 是方程 $(x^2 + y^2 - 1)^3 = x^2 y^3$ 的图像，这是一个五次方程，设计出来非常不容易。图 2 比笛卡儿的图形更像一颗火热的心脏，不知人们看了会不会更感动？

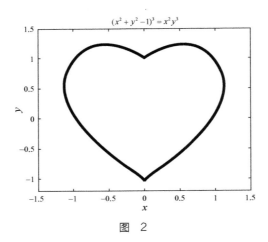

图 2

类似心形的曲线方程还有不少，如：

$$2 + (y - 3\sqrt{x^2})^2 = 1,$$

$$x^2 + (y + 3\sqrt{x^2})^2 = 1。$$

此外，还可以用圆的外摆线来绘制形如心形的曲线。所谓圆的外摆线是这样形成的：先画一个圆 O，另画一个圆 A，圆 A 与圆 O 相外切；圆 O 不动，圆 A 绕着圆 O 外周滚动，便得到了图3。

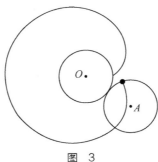

图 3

用函数曲线构造表示爱情的心形线，只是用几何表达爱情的方法之一。2020 年 2 月 14 日情人节，网上流传用四个函数——反比例函数 $y = \dfrac{1}{x}$，圆 $x^2 + y^2 = 9$，含绝对值符号的函数 $y = |2x|$，以及以 y 为自变量、带绝对值符号的正弦函数 $x = -3|\sin y|$ 的图像组成"LOVE"（英语"爱"的意思）的字样（图 4）。

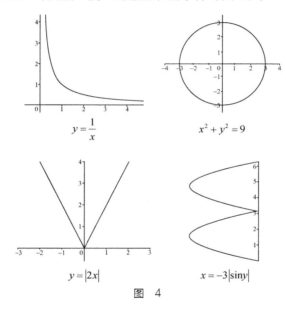

$$y = \frac{1}{x}$$

$$x^2 + y^2 = 9$$

$$y = |2x|$$

$$x = -3|\sin y|$$

图 4

数学浪漫吗？其实，图 4 中表示字母"L"的曲线还不是太像，如果把函数改成 $y = \dfrac{1}{100x}$，那么画出的曲线就更像"L"了。大家动手画一画吧！

最速降线

在两点间画一些线，线条有直的，也有曲的，其中哪条线最短？人人都会说："直线段最短。"

回答正确！但是，我们把问题改一下。儿童乐园要建造一座滑梯。让孩子从高点 A 处滑到低点 B 处（A 点不在 B 点的正上方）。什么形状的滑梯才能使孩子滑下来所花费的时间最短？

"两点间直线段距离最短，当然沿直线段 AB 滑下来花费时间最短了。"有人这样认为。

错！

为什么错了？要知道，"距离最短"和"时间最短"是两码事。我们现在研究的是时间最短，而不是距离最短，所以不能想当然认为滑梯的形状应该是直的。

那么，什么样的线条才能使孩子们滑下来所花费的时间最短呢？我们在前面说过，这条线叫摆线，也叫旋轮线。

　　伽利略在 1630 年就提出了这个问题，他自己也做出了解答。不过，他倒不认为这是一条直线段，而应该是一条圆弧。可是后来，人们发现这个答案是错误的。直到 1696 年，数学家约翰·伯努利解决了这个问题，从而发现了摆线。

　　伯努利家族出了许多著名数学家，但这一家人非常不和谐，经常争名夺利。约翰·伯努利得意地拿这个问题向其他数学家公开挑战。在那个年代的欧洲，这是知识分子之间的一种游戏，就如我国古代文人喜欢比赛对对联一般。

　　约翰·伯努利尤其喜欢和他的哥哥雅各布对着干。为了逼雅各布应战，约翰甚至在街头张贴了布告。不久，雅各布做出了答案，但约翰认为哥哥的解答过程不够简洁，还是自己赢了比赛。其实，雅各布的答案中蕴含的思想价值更高。后来，欧拉从雅各布的答案中得到启发，开创了数学的新分支——变分学。

　　伯努利兄弟都是莱布尼茨的学生，而牛顿和莱布尼茨一直不和。于是，弟弟约翰为了帮老师争一口气，就拿着这个问题去挑衅牛顿。当时，牛顿年事已高，而且沉湎于神学多年，早已过了自己的研究巅峰期。但是，牛顿还是只用了一个晚上就解出了这个问题，并把答案匿名寄给了约翰。约翰一看牛顿的解答，不禁感叹道："我从他的利爪认出了这头狮子。"

　　所谓摆线，指的是当一个圆在一条定直线上滚动时，圆周上一个定点运动的轨迹。摆线的方程如下：

$$\begin{cases} x = a(\theta - \sin\theta), \\ y = a(1 - \cos\theta)。 \end{cases}$$

假如用这条摆线中的一段做滑梯，那么孩子们从滑梯上滑下来的速度比其他任何线条（包括大家通常认为的直线段或伽利略认为的圆弧）都快。因此，摆线又称最速降线。

图 1 是一组动画中的几个片断。三颗圆球分别沿直线段、摆线以及呈直角的折线段两边组成的折线下滑，图 1a 是出发时刻，到了图 1e 的时刻，沿摆线下滑的球已经到达终点，而此时，沿直线段和折线段下滑的球还在途中呢！

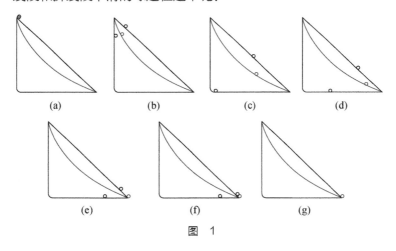

图　1

这是怎么搞的？直线段反而没有优势了，这真不可思议。

这个现象说明了：长度最短，并不意味着时间最省。其实，这个道理在日常生活中还是容易体会的。比如，我们要从 A 地走到 B 地，尽管两地之间的直线段最短，但要经过泥泞的地带；而从 A 地绕 C 地到 B 地，虽然路程长了，但这是平坦的水泥路。在这种情况下，直线段 AB 未必最省时间，长度长一点儿的路程 ACB 反而可能更省时间。当然，跟滑梯问题相比，这又是另一回事了。

甲虫建筑师

在很多昆虫的生命历程中，有一段时间是一定要在"茧"里度过的。蚕宝宝自己吐丝——"作茧自缚"；而大多数甲虫的幼虫会利用树叶将自己卷在里面，挡风避雨——"安居乐业"。

有一种甲虫名为"卷叶象甲虫"，它们会用叶子卷成一个筒来做窝。而且，它们可以把这个筒的边缘弄得非常整齐，这样一来，叶子筒就不容易被风雨弄坏。怎样在一张叶子上裁剪出合适的曲线，然后将经过裁剪的叶子卷起来，做成一个整齐的窝呢？

这不是一件容易的事情，卷叶象甲虫却能够做到，真不愧为出色的"建筑师"。我们过去只知道蜜蜂是出色的"建筑师"，现在我们知道了，其实卷叶象甲虫也是高明的"建筑师"。当然，蜜蜂也好，甲虫也好，它们能够造出这么整齐、漂亮的住所，完全是无意识的行为，是昆虫经过长期的进化之后形成的一种本能。所以，这里的"高明"二字其实应该打上引号。

如图 1 所示，卷叶象甲虫的裁剪线是它用嘴"裁剪"出来的，这条曲线被称为"渐开线"。不同的曲线有不同的渐开线。

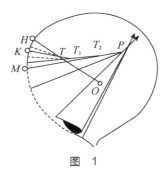

图 1

下面我们来画圆的渐开线（图2）。用一根细线绕在一个圆的外周上，并在线头上绑一支铅笔。然后，将线头慢慢松开，铅笔就慢慢地画出了一条曲线，这条曲线就是圆的渐开线。齿轮的齿廓常常是圆的渐开线。

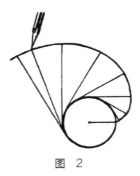

图 2

车轮一定是圆的吗？

"车轮一定是圆的吗？"这貌似是一个再简单不过的问题。这还用问吗？车轮当然是圆的啦！说来你一定不信，世上还真有非圆形的车轮，只是它们的用途比较特殊，平时不易见到罢了。

一般情况下，人们都会把车轮做成圆的，同时把车轴装在车轮的圆心处。这样一来，当车轮滚动的时候，车轴到地面的距离就等于车轮的半径。当车在平坦的道路上行驶的时候，安装在车轴上的车身就能够保持平稳。这是利用了圆的几何特点：圆周上的任意一点到圆心的距离都相等，用我国古代思想家墨子的话来说，就是"一中同长"。

如果车轮是正方形的，假设边长是 1，那么正方形中心到一边的距离是 $\frac{1}{2}$，到顶点的距离是 $\frac{\sqrt{2}}{2}$（约等于 0.7）。把车轴安装在轮子的中心，当车轮滚动的时候，车轴到地面的距离忽大忽小，车身随着忽高忽低，乘车的人就要大受颠簸之苦了。

任何事物都有两面性。在平坦的道路上，圆车轮和地面的接触面小，摩擦力小，可以使车辆行驶得平稳而轻快，但是在下雨、下雪、地面结冰的时候，圆车轮容易打滑，影响车辆正常行驶。而且，对于常年在水田中运转的农业机械来说，由于泥水的润滑作用，车轮与地面的摩擦系数显著减小，车子常常在原地打滑，出现电机空转、开动不起来的现象。为了增大摩擦力，有位农机设计师别出心裁地变圆为方，用摩擦力大的方车轮代替常规的圆车轮。

那么，驾驶方车轮拖拉机的人就不怕颠簸了吗？

当然不是。为了解决这个问题，设计师巧妙地在车轮的中心开了一个"回"字形的槽，当车轮滚动的时候，车轴在槽里运动，调节车轴到地面的距离。不管方车轮的哪一处接触地面，车轴到地面的距离总是相等的，于是拖拉机就能平稳地行驶了（图1）。

图 1

还有人曾经创造出一种后轮是椭圆形的自行车。这辆自行车没有踏板，人却照样能骑着它平稳地向前运动，成了自行车史上的一个奇闻。

在现实世界里，除了车轮之外，我们还会看到其他轮子。比如，工厂有一种叫凸轮的零件（图2），它的外周不是圆，而是阿基米德螺线（图3）。这种用非圆曲线作外周的轮子有很大的用处。

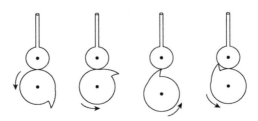

图 2

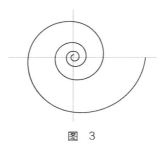

图　3

　　当凸轮转动的时候，紧靠在凸轮周界上的从动部件慢慢地上升，当它上升到最高处之后，突然又回到最低处。如果从动部件是一把刀具，随着凸轮的旋转，这把刀具不就可以自动进刀、自动退刀了吗？可见，凸轮在自动控制中有很大的作用。

　　如果在凸轮的位置上换上一个圆形轮子，结果又会怎样呢？刀具还会自动地进退吗？我们容易想象出来，刀具不会自动进退了，这是因为圆有"一中同长"的特点。可见，"圆"这种曲线并不是很"圆满"的！

为什么茶杯盖不会掉到茶杯里去？

华罗庚的问题

华罗庚教授在一次给中学生的讲演中提出一个怪问题：为什么茶杯盖不会掉到茶杯里去？

"这多简单呀！茶杯盖比茶杯大，当然掉不进去。"一些同学脱口而出。

这个回答不完全正确。如果杯盖比杯口小，那么它会掉进杯子；但是，如果杯盖比杯口大，也未必掉不进去。

有一种正四棱柱形的茶叶罐，它的盖子是正方形的，比罐口还大，却常常掉进茶叶罐里。还有一些形状各异的瓶瓶罐罐，罐口有三角形的、五边形的、六边形的、菱形的、蛋形的……这些罐子的盖子有时也会掉进罐子里。

正方形的对角线是其边长的 $\sqrt{2}$ 倍。只要把盖子竖起来，将正方形盖子的边沿着正方形罐口的对角线方向放下，盖子就会掉进罐子里。这是因为盖子的"短处"对着罐口的"长处"，以自己的短处对着对方的长处，哪有不"吃亏"的理（图1）？

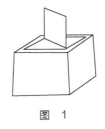

图 1

正三角形的边比其高要长，所以，如果把正三角形盖子的高对着正三角形罐口的边往下放，盖子也会掉进罐子里。同理，正六边形的对角线比其两条平行边之间的距离要长，所以，正六边形的盖子有可能沿着罐口的对角线方向掉进罐子里。

常宽度图形

可见，盖子比杯口大并不是盖子掉不进去的唯一原因，还得看形状。想说清此中的奥秘，我们需要先了解一下封闭图形的"宽度"和"直径"的概念。要知道，不仅圆有直径，也不仅长方形有宽度。你不要感到奇怪，请听我细细道来。

我们用两条平行线来"夹"任意一个封闭图形（图 2）。角度不同，平行线之间的距离也会不同。当平行线从某个角度来"夹"图形的时候，两条平行线之间距离最小，这时，这个最小距离就叫作这个图形的宽度。

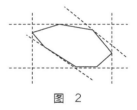

图 2

于是，三角形和五边形的宽度等于它们的高，正方形的宽度等于它的边长，正六边形的宽度等于两条平行的边之间的距离，圆的宽度就是它的直径。

圆周上任意两点之间的线段叫作弦，直径是圆中最长的弦。同样，我们也可以把任何一个平面几何图形上任意两点之间的线段叫作"弦"，并把其中最长的弦叫作该图形的"直径"。

一个图形的宽度不可能超过它的"直径"：对任何一个正多边形来讲，其宽度一定比其直径小。因此，任何一个正多边形的杯盖都有可能沿着杯口的直径方向掉进杯子里。图 3 是一个正方形，它的宽度等于边长，而直径等于对角线——宽度小于直径。

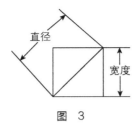

图 3

然而，圆的宽度与直径相等，所以，只要圆形杯盖比杯口大一点儿，无论怎样放，杯盖都不会掉进杯子里。

假如一个图形的宽度和直径相等，那么无论从什么角度用两条平行线来"夹"它，平行线之间的距离都是一样的，都等于图形的直径。这种图形叫作"常宽度图形"，圆就是常宽度图形。因此，"圆形杯盖为什么不会掉进杯子里"这个问题就解决了，这是因为圆是常宽度图形。

三角拱形

老的问题解决了，新的问题又来了：是不是只有圆形杯盖才不会掉进杯子里？

未必。如果把杯子的截面设计成三角拱形，相应的盖子也掉不进去。以正三角形的三个顶点为圆心，以正三角形的边长为半径画三条圆弧，得到的图形就是三角拱形（图 4）。三角拱形是常宽度图形，因为它的宽度和直径都等于原来正三角形的边长（图 5）。三角拱形是工艺学家鲁宾斯发明的，所以它又叫鲁宾斯三角形。

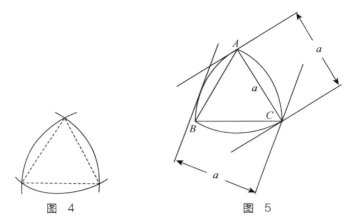

图 4　　　　　　　　图 5

我们常常看到，人们在搬运重物时，会在一块平板下放几个同样大小的圆柱，然后就能推动平板上的重物。随着重物前行，圆柱向前滚动，重物就能比较轻松地被搬运了。为什么会这样？因为平板到地面的高度是恒定的，都等于圆的直径（图 6）。

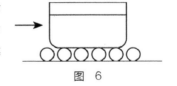

图 6

利用圆柱来搬运重物，司空见惯。但是大家想过吗？圆柱也可以用三角拱形柱体来代替。这是为什么？因为三角拱形和圆有一个共同的特性：它们都是常宽度图形。请看图 7。

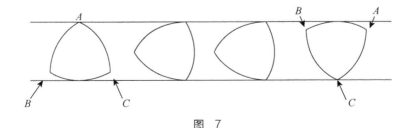

图 7

当三角拱形在地面上滚动时，其底部与地面有一个接触点，顶部与平板也有一个接触点。假设三角拱形与平板的接触点是三角形的一个顶点 A，那么它与地面的接触点一定在点 A 所对的圆弧 BC 上。不管接触点是圆弧 BC 上的哪个点，它与点 A 的距离总是等边三角形的边长 a。

随着三角拱形向前滚动，点 A 脱离与平板的接触，换成圆弧 AB 上的某个点，此时，与地面接触的点一定是三角形的顶点 C，两个接触点之间的距离仍然是 a。总之，平板和地面之间的距离总是 a。于是，三角拱形可以在地面上平稳滚动，代替圆柱搬运重物。当然，在现实中，考虑到制造三角拱形的成本较高，人们通常不会使用三角拱形的柱体来搬运重物。

类似的，正五角拱形、正七角拱形等图形也是常宽度图形。它们不是圆，因为它们做不到"一中同长"；但它们又有些像圆，因为它们保留了圆的常宽度的特性。

如果用三角拱形做罐头或杯子，那么盖子是不会掉进罐头或者杯子里的。在如今的市场上，很少有采用三角拱形之类的常宽度图形制造的茶杯。然而在机械工业中，工程师早就用它们来制造凸轮、钻方孔……有一种发动机名叫"旋转式发动机"，其汽缸里的转子就是三角拱形的（图8）。

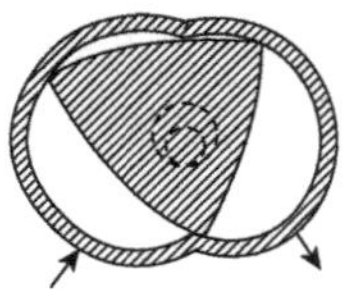

图 8

"为什么茶杯盖不会掉到茶杯里去？"在生活中，人们往往对这个问题熟视无睹，可是，科学家常常能在平凡的事实里找出不平凡的课题，这就是一种能力。

于振善巧"称"地积

于振善原本是一个木匠，他不但有高超的手艺，而且肯动脑筋。小时候，他偶然读到了《伊索寓言》里《乌鸦喝水》的故事：瓶子里的水位太低，乌鸦喝不到水；然后，乌鸦把小石子一块一块丢进瓶子里，等水位慢慢升高，它就喝得到水了。于振善想：这只乌鸦真聪明。他被这只乌鸦深深地迷住了，最后根据故事中的原理设计了一种用来灌溉的挤水机。于振善还发明了用来计算土方、面积等的各种工具。其中最有名的是一把有多种用途的计算尺，后来，这把计算尺被称为"于振善计算尺"。他在制作这把尺子时用到了"对数"的知识，在当时，对数要到高中才能学到。可是，于师傅当年只有初级小学文化水平，他在很闭塞的环境中独自摸索方法，设计出了计算尺，真是难能可贵。之后，于振善的才华终于被发现，并被保送到河北大学的数学系学习，还有人组织出版了《于振善尺算法》一书。

于振善有好多数学创意，其中一个令人拍案叫绝的创意就是"称"面积。平时，人们只能用秤来称出一个物体的重量，但是，一个图形的面积怎么能用秤称出来呢？

事情发生在于振善的家乡河北省清苑县。1937 年，清苑县划出一块土地给邻近的一个县。清苑县县长想知道，本县的土地面积还有多大。为此，当时的县政府请教了不少人，可是谁也没有测算面积的好方法。一位有点儿学问的人为难地说："如果这块地的形状是方的或圆的，那就好办，只要按照面积公式一算就知道了。但是，现在它的形状那么不规则，四周都是弯弯曲曲的，很难准确地测出它的面积。"

县长没办法，最后只能求教"土"专家于振善。于振善具体了解了这个问题后，就满口答应了县长的请求。

他先找来一块质地均匀的木板，把木板两面刨得溜光，再把它锯成四四方方的形状；然后，他量了量木板，按比例尺计算，设定其面积为 1000 平方千米；又称了称木板，称出其重量是10 两。

然后，他把清苑县的地形图复描在这块木板上。按图的轮廓线锯开，制成了一块"木地图"。他把"木地图"称一称，称得其重量为 7 两 5 钱 3 分，再按比例一算，就得到这块"木地图"的面积是 753 平方千米。

就这样，于振善这位"土"专家运用"土"方法，或者说，运用物理方法算出了清苑县的面积。

近几十年来，数学教育界兴起了一种"问题解决"的思想，也就是说，提倡研究"开放题"，这是十分必要的。我们在学校里做的题目经常条件一个不多、一个不少，结论也是唯一的。然而，我们在现实工作中遇到的问题往往缺少条件，甚至没有条件，这时要靠你自己想办法去找出条件，甚至要你自己创造工具去解决问题；或者，现实条件太多，需要你筛选；同时，问题的结论也不一定是唯一的，可以有多种答案。这种题就是"开放题"。在解决"开放题"时，靠死记硬背或"题海战术"就没有太大用处了，这里要求的是素质、创造性。于振善就有这种创造性。

　　无独有偶，意大利著名的物理学家伽利略在研究摆线问题的时候发现了两个重要的事实：第一，摆线的一个"拱"的长度是相应的圆周长的 4 倍；第二，摆线的一个"拱"的下方面积是相应的圆面积的 3 倍。第一个事实是伽利略用绳子量出来的，而第二个事实，伽利略也和于振善一样，是称重量称出来的。

刻错图像的墓碑

美妙的螺线

我们之前说过，阿基米德是古希腊的数学家，堪称有史以来最伟大的数学家之一。阿基米德是一位传奇人物，大家应该都很熟悉他的传说。阿基米德平时不管做什么事都专心致志。据说他在洗澡的时候，经常忘记自己在干什么，只是不停地用手指在自己涂满泥皂①的身体上画各种各样的图形。时间久了，人们才发觉他忘了自己在洗澡，不得不强迫他停止画图。

有一次，阿基米德在洗澡的时候发现了浮力定律。当时，他高兴地从浴缸里跳出来，完全不顾自己还赤身裸体，就跑到大街上，口中大喊："尤里卡！尤里卡！"（eureka，希腊语，意思是"找到了"。）他就是用这个浮力定律为叙拉古的亥厄洛王巧妙地解决了"王冠掺假案"。此外，他还发现了杠杆原理，并设计了滑车和杠杆，把一艘大船送入海里。

阿基米德对立体几何里的圆柱体、球体情有独钟，还嘱咐家人把"圆柱容球"的几何图形刻在自己的墓碑上（见后"阿基米德的墓碑"）。我们在这里先要讲的是阿基米德发现螺线的故事。阿基米德螺线也叫等速螺线，一个点匀速离开一个固定点，同时又以固定的角速度围绕该固定点转动，由此产生的轨迹就是阿基米德螺线。阿基米德在其著作《螺旋线》中对此进行了描述。

---

① 古希腊人用从沼泽底下取出的淤泥做成的肥皂。

阿基米德螺线可以用极坐标方程写出：$\rho = a\theta$（其中 a 为常数）。它的特点是动点 A 到定点 O 的距离 ρ 和旋转过的角度 θ 成正比（图1）。

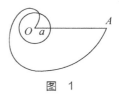

图 1

用一种简单的方法可以画出阿基米德螺线：把一根线缠在一个线轴上，在线的游离端绑上一枚小环；把线轴固定在一张纸上，并在小环内套一支铅笔；用铅笔拉紧线，保持线处于被拉紧的状态；然后，在纸上画出从线轴逐渐松开的线的轨迹，就得到了阿基米德螺线。

在阿基米德去世 2000 年左右之后，瑞士出了个数学家雅各布·伯努利（对，就是前面提到的约翰·伯努利的哥哥）。阿基米德以高产的研究和传奇经历著称，伯努利家族也以高产著称，但也因小心眼、爱内斗而留名史册。雅各布·伯努利也研究过螺线，并达到痴迷的程度。

与阿基米德的研究不同，在雅各布·伯努利研究的螺线中，其动点 A 到定点 O 的距离 ρ 和角度 θ 之间成等比关系，这叫作对数螺线。

经过深入的研究，雅各布·伯努利发现，对数螺线经过各种变换后仍然是对数螺线：无论是它的渐屈线和渐伸线，还是从其极点到切线的垂足轨迹，或是以其极点为发光点，经对数螺线反射后得到的反射线，或是与所有这些反射线相切的曲线（回光线），都是对数螺线。他十分吃惊——这曲线太神奇了！于是他写下遗嘱，要求家人将对数螺线刻在自己的墓碑上，并附以颂词："经过各种变换，仍然保持原样。"借此象征死后永生不朽。

50 岁时，雅各布·伯努利满怀"永生"的希望离开了人世。但有意思的是，在为他刻墓碑的时候，石匠误将阿基米德螺线刻了上去。尽管雅各布·伯努利的妻子支持丈夫的遗愿，但她对数学一窍不通。于是，这块墓碑就这样糊里糊涂地"流芳百世"，成为浩瀚的数学史上的一则"错案"。假如雅各布·伯努利泉下有知，一定会气得把棺材掀翻吧。

对数螺线 $\rho = ae^{b\theta}$（其中 a 和 b 为常数），如图 2 所示。

而阿基米德螺线 $\rho = a\theta$，如图 3 所示。

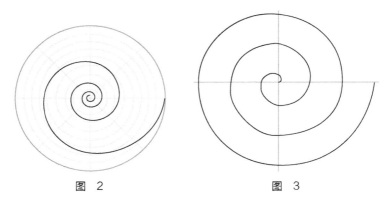

图 2   图 3

从两张图中可以看出，在对数螺线中，距离 ρ 会因角度 θ 增加而呈指数增长；在阿基米德螺线中，角度 θ 每增加 360°，距离 ρ 都呈正比增长。

第四篇

立体

祭坛的传说

关于几何学"三大难题"之一的立方倍积问题，有一个可怕的传说。

在很久以前，灾难降临到古希腊的提洛斯岛上。当地人成批地染上瘟疫，相继死去。可怕的灾难还要持续多久呢？人们惶惶不安地来到太阳神的神殿里，请求神的庇护。这时候，一位僧侣自称得到了神的旨意，告诉大家，只有把神殿里的祭坛扩大一倍，瘟疫才能被遏制。人们听了这个消息很高兴，虽然已被瘟疫折磨得疲惫不堪，但他们还是奔到采石场，拼命干了几天，终于把一块巨大的花岗石琢成一个与原来的祭坛一样大的立方体，并把它搬进神殿，叠放在原来的祭坛上面。

他们满以为，这下瘟疫一定被赶跑了。但出乎意料的是，瘟疫不仅没有被遏制，反而更猖獗了。于是那位僧侣又说，太阳神希望的是把祭坛的体积增加一倍，但不能改变立方体的模样。

看来，太阳神是非常苛刻的啊。

岛上的居民只得继续振作精神，雕琢新祭坛。这一次，他们制作了一个比原来的立方体祭坛的棱长大一倍的新祭坛。可是，当这个新祭坛被奉献到太阳神足下的时候，瘟疫传播得更厉害了。

僧侣说，太阳神震怒了，因为新祭坛的体积不是增加了 1 倍而是 7 倍！是啊，如果原立方体的棱长是 1 米，那么其体积是 1

立方米；现在的新立方体的棱长是 2 米，体积就是 8 立方米了。

大家十分惶恐，不知道怎样实现神的旨意。其中几个人自告奋勇前往雅典，去向那里的数学家们请教。但是，就连当时著名的哲学家、数学家柏拉图也解决不了这个问题，他只能搪塞道："神大概不满意你们很少研究几何学吧！"从此，立方倍积问题被称为"提洛斯问题"而流传下来。

当然，这只是一个传说而已。一些数学史家认为，当时的希腊人其实已经会利用尺规作图解决平方倍积的问题了，即作一个正方形，使它的面积是已知正方形面积的 2 倍。所以，他们也想用尺规来解决立方倍积问题，即作一个立方体，使它的体积是已知立方体的 2 倍。但是，他们这一次碰到了巨大的障碍。

事实上，用尺规作图的方法是不能解决立方倍积问题的。如果已知立方体的棱长为 a，所求的立方体的棱长为 x，根据要求可以列式：

$$x^3 = 2a^3,$$
$$x = \sqrt[3]{2}a \, 。$$

然而，仅用直尺和圆规是无法作出长为 $\sqrt[3]{2}a$ 的线段的。为此，柏拉图曾经设计了一种工具，也就是木工用的两把角尺。作图过程如下：先画两条互相垂直的直线 l_1 和 l_2，它们相交于 O 点，在 l_1 上截取 $OC = a$，在 l_2 上截取 $OD = 2a$。然后，用两把角尺按照图 1 所示放置，使得一把角尺的一边经过 C 点，顶点在 l_2 上；另一把角尺的一边经过 D 点，顶点在 l_1 上，它们的另外两条边相重合。OB 的长就是 $\sqrt[3]{2}a$ 了（图 1）。

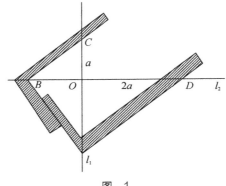

图　1

　　一位名叫厄拉多塞的古希腊天文学家也设计了一种工具，并称之为"麦佐技比"，意思是"探寻器"。如图 2 所示，他在相距 $2a$ 的两个平行尺子（m 和 n）之间插入三个全等的直角三角板（用直角三角形 ABC、直角三角形 DEF 和直角三角形 GHK 表示），使它们的一条直角边与上尺 n 密合，与该边相对的顶点都落在下尺 m 上。固定最左边的三角板，并在最右边的三角板的 GK 边上取 $GQ = a$。然后，沿 n 滑动最右边和中间的三角板，使每个三角板的斜边与相邻三角板的直角边的交点（P 和 R）在直线 QB 上。这时 DP 的长就是 $\sqrt[3]{2}a$ 了。

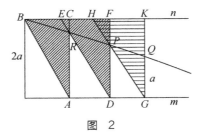

图　2

苍蝇和蜘蛛

一个房间的长、宽、高都是已知的，在相对的两面墙壁上，一面墙上有一只蜘蛛，另一面墙上有一只苍蝇；蜘蛛距地板 1.5 米，苍蝇距天花板 1.5 米。问：蜘蛛沿怎样的路线前进，才能经过最短的距离捕住苍蝇？

要注意，蜘蛛不会飞，也不能架设长长的蛛丝"天桥"，它只能顺着墙一步步地爬向苍蝇。不过，蜘蛛走的路线是任意的，它可以经过墙壁、天花板，也可以走过地板。但是，要在这许多路线中找到一条最短路线，不太容易。

橡皮筋是"走捷径"的能手，让它来给我们一些启发吧。我们先用火柴盒做个实验。在火柴盒相邻的两个盒外面上，各取一点 A 和 B。在 A 和 B 之间由松到紧绑上一根橡皮筋，橡皮筋与两个面的棱有一个接触点 P。不难发现，AP 与棱的交角 θ_1 和 BP 与棱的交角 θ_2 是相等的（图 1）。

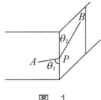

图　1

把含有 B 点的盒面顺时针转动 90°，使它与 A 点的盒面在同一个平面上。由于 $\theta_1 = \theta_2$，棱又是一条直线，所以 APB 也是一条直线（图 2）。

这根橡皮筋就应该是最短路线。从长方形的平面展开图上看，这条路线是一条直线。把这个结论应用到前面的问题上，解答起来就方便多了。

假设房间的长、宽、高分别为 7 米、6 米、4 米，蜘蛛（A）在正面的墙上，距地板 1.5 米，距墙角线 2 米。苍蝇（B）在对面的墙壁上，距天花板 1.5 米，距墙角线 1 米（图 3）。

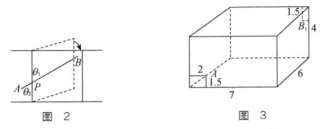

图 2　　　　　　　　　　图 3

把房间的墙壁、天花板和地板展开在同一平面上，蜘蛛在这个展开图中沿直线爬向苍蝇，共有四条途径（图 4 ~ 图 7）。显然，经过天花板和地板的两条路线的距离相等（图 4 和图 5），因此，只要计算三条路线的长度就可以了。

在图 4 中，

$$AB = \sqrt{4^2 + (1.5 + 6 + 2.5)^2}$$
$$= \sqrt{116} \approx 10.77 \ （米）。$$

在图 6 中，

$$AB = \sqrt{1^2 + (2 + 6 + 6)^2}$$
$$= \sqrt{197} \approx 14.04 \ （米）。$$

在图 7 中，

$$AB = \sqrt{1^2 + (5 + 6 + 1)^2}$$
$$= \sqrt{145} \approx 12.04 \ （米）。$$

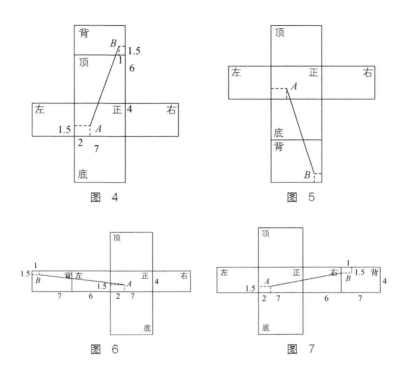

图 4　　　　　　　　图 5

图 6　　　　　　　　图 7

从计算看出，图 4（或图 5）这种走法的路线最短。蜘蛛经过天花板或地板到达 B 点，然后把苍蝇吃掉，一共爬了 10.77 米。

据传，俄国大作家托尔斯泰也是个数学爱好者，他对这道题也很感兴趣—— 一道数学题往往经过名人之手就能"流芳百世"，更何况，这道题本身就很有趣。

印信、高考与足球

高考题中的印信

2019 年的数学高考试题中出现了一道有关考古的题目，着实让人们议论了好一阵子。这道题是这样的：

中国有悠久的金石文化，印信是金石文化的代表之一。印信的形状多为长方体、正方体或圆柱体，但南北朝时期的官员独孤信的印信形状是"半正多面体"。半正多面体是由两种或两种以上的正多边形围成的多面体。半正多面体体现了数学的对称美。图 1 是一个棱数为 48 的半正多面体，它的所有顶点都在同一个正方体的表面上，且此正方体的棱长为 1，则该半正多面体共有（ ）个面，其棱长为（ ）。

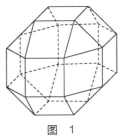

图 1

这道题的第一问是求该半正多面体有多少个面，我们数一数就知道了：一共有 18 个正方形和 8 个正三角形，共 26 个面。题目告诉大家，该半正多面体有 48 条棱。那么，这个多面体有几个顶点呢？既然有图，我们仍然可以数一数：一共有 24 个顶点。那么，其面数、顶点数和棱数之间有没有规律呢？

引出欧拉公式

面数 F、顶点数 V 和棱数 E 满足的规律是：

$$面数 + 顶点数 - 棱数 = 2，$$

即
$$F + V - E = 2。$$

这个公式就叫多面体欧拉公式。只要是凸多面体，不管是柱体、锥体、台体，还是把它们截一部分形成的多面体，包括本文开头讲到的独孤信的印信那样的半正多面体，其面数、顶点数和棱数之间的关系都符合这个规律。

用这个公式还可以证明，正多面体一共只有五种，即正四面体（每个面为正三角形）、正六面体（即立方体，每个面为正方形）、正八面体（每个面为正三角形）、正十二面体（每个面为正五边形）和正二十面体（每个面为正三角形）（图 2）。这个伟大的发现是柏拉图的功劳。

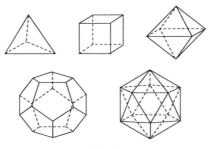

图　2

柏拉图生于公元前 427 年，生活在约 2500 年前的人能够发现这五种正多面体，而且准确判定正多面体只有这五种，实在不可思议。要知道，在现实世界中，有几种正多面体是无法找到的。柏拉图的正多面体理论是理性思考的结果。

看足球

正多面体的特征是必须由同一种多边形构成，而且这种多边形必须是正多边形。独孤信的印信不是正多面体，它是由两种正多边形（正方形和正三角形）构成的，所以被称为半正多面体。半正多面体有很多种，大家熟悉的一个例子就是足球。

足球本身可以被看作圆球，但这个圆球是由一个半正多面体充气演变而来的（足球表面是皮质的，有韧性）。还原成多面体的足球原型如图 3 所示。

图 3

这个半正多面体由正六边形和正五边形组成，那么，它究竟有几个面？几条棱？几个顶点？利用欧拉公式可以算出：足球的原型是一个由正五边形和正六边形组成的 32 面体，其中正六边形（白皮部分）有 20 个，正五边形（黑皮部分）有 12 个。知道了正多边形的个数以后，棱数和顶点数就容易算了，答案是 90 条棱和 60 个顶点。

有意思的是，有一种属于烯的化学分子"碳-60"，它由 60 个碳原子构成，由于形似足球，因此又名足球烯。它具有 60 个顶点和 32 个面，其中 12 个面为正五边形，20 个面为正六边形（图 4）。足球和化学分子看起来风马牛不相及，结构却如此相通，让人不由得感叹世界真奇妙!

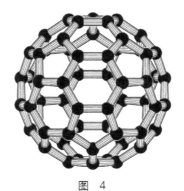

图 4

拓扑学

我们这里把足球的"原型"视为由 20 个正六边形和 12 个正五边形组成的多面体。球和多面体,一个是旋转体,有曲面,另一个的每个面都是平的。按理说,这两种几何体难以相通。虽然在现实中,足球的皮有韧性,充气后能使多面体"变成"球体,但在欧氏几何学中,桥归桥,路归路,不同就是不同。

尽管多面体与球体无法相通,但二者在面数、棱数和顶点数方面是有联系的。无论是足球还是它的多面体原型,其面数、棱数和顶点数均满足多面体欧拉公式。不难想通,如果把足球压扁,它仍然满足多面体欧拉公式。于是,这引出了一门"新学问",有人称之为"橡皮膜上的几何学"——拓扑学。

几何图形或空间在连续改变形状之后,它们的一些性质还能保持不变。也就是说,图形的形状和大小都无关紧要,拓扑学只研究它们之间保持不变的连接关系。

我们平常看到的地铁线路图就是地铁实际运行线路的一个拓扑变形。假设有三个站点 A、B、C，从 A 站到 B 站的距离是 3 千米，从 B 站到 C 站的距离是 6 千米，尽管站点之间距离不同，但路线图上不作体现，因为我们关心的是几个站点的前后次序。

上文中介绍了多面体欧拉公式：$V + F - E = 2$。注意，这是对凸多面体而言的。等号右边的"2"叫作欧拉示性数。那么，欧拉示性数会不会有其他结果呢？

答案是肯定的。严格来说，欧拉多面体公式应该写作 $V + F - E = X$，一个多面体 P 的欧拉示性数通常写作 $X(P)$，于是，公式可改写为 $V + F - E = X(P)$。

像足球的原型多面体那样，一个多面体在充气后"变成"一个球面的情况，在数学上被称为"同胚"，同胚于一个球面的多面体的欧拉示性数是 2。如果一个多面体同胚于接有环柄的球面，其欧拉示性数就不等于 2 了。

你看，多面体的面数、棱数和顶点数里的学问不简单吧？由此，它不但引出了多边形欧拉公式，还引出了现代数学中的图论和拓扑学。拓扑学是现代数学中的一个重要分支，它深刻地影响了物理学的发展，在量子力学、相对论等问题的研究中起到了重要作用。

最经济的包装

　　走进商品琳琅满目的百货商店，你会发现很多商品都穿着一件美丽的外衣——包装盒。特别是近年来随着快递产业的发展，包装盒的消耗量更是惊人。然而，大量使用包装盒不但增加了货物本身的成本，而且消耗了大量资源，带来严重的污染。因此，研究怎样减少生产包装盒的过程中产生的废料有着重要的意义。

　　一般来说，包装盒是用大张的硬纸板裁剪出来的。我们来研究一下，怎样裁剪用料最省、浪费最少。

　　做一个边长为 10 厘米的正方体纸盒，需要用一张长和宽分别是 40 厘米和 30 厘米的矩形纸板，纸盒的表面积为 600 平方厘米。做好这个纸盒后，剩下的纸板就没有用了，余料的面积是

　　$10 \times 10 + 10 \times 10 + 10 \times 20 + 10 \times 20 = 600$（平方厘米）。

　　然而，有效利用的面积和浪费的面积都是 600 平方厘米，利用率为 50%。这么多纸板被浪费了，多可惜呀（图 1）！

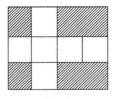

图　1

　　于是，有人想出了套裁的办法。在两个图形凸出的地方相互

利用，就可以得到如图 2 的裁法。这样一来，可以在 50 厘米长、40 厘米宽的矩形纸板上裁得两块盒料，余料的面积是 800 平方厘米。利用率提高到 60%，比上一种设计方案略有改进，但还不能令人满意。

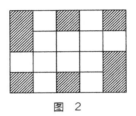

图 2

立方体有六个面，从底面的正方形出发，再在其四周围上四个正方形，这就是纸盒的壁。接下来考虑顶部。在上面的两种展开图中，为了这块顶部的正方形，浪费了很多材料。所以，为了寻找更好的答案，关键是要适当调整顶部在展开图上的位置。

几何图形的等积变换有时会产生意想不到的效果。如果将顶部分成四个全等的等腰直角三角形，它们被分配在纸盒的四个壁旁边，奇迹就出现了：这个纸盒的体积如故，但利用率可以达到 75%（图 3）。如果生产包装盒的工厂都按照这种设计方案去生产纸盒的话，那么节约的材料将十分可观。

图 3

有一道趣味题与上述问题相关，它发表在 1980 年日本《数理科学》杂志的《智力游戏特辑》上。图 4 是一张 4×4 的正方形方格纸，现在用它折叠成一个立方体，使体积尽可能大，并且在裁剪纸片的时候，不能破坏每一个小方格。

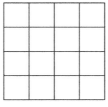

图 4

我们首先想到的是图 5 的裁剪方案（剪去阴影部分）。可惜折叠而成的立方体并不大——其每条棱长都是 1，所以其体积是 1。

图 6 的裁剪法很不容易想到。你可以试一试，沿着图中的虚线折叠一下。结果出人意料，竟然折出了一个立方体！折叠而成的立方体只有下底面是完整的，其余各面都是由余料拼成的。当然，从理论上说，按照图 6 的方法裁剪出的包装盒是一种"经济包装"，而且其利用率也达到 75%，与图 3 的方法的利用率相同。但是，它显然不如图 5 那种方案来得切合实际。

想不到，裁剪、制作一个包装盒，背后竟有那么多学问。

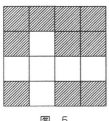

图 5

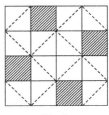

图 6

华罗庚再算蜂窝题

蜜蜂是了不起的"建筑师"，蜂窝有着最省料的结构。可你知道吗？关于蜂窝的计算还有不少动人的故事。

18 世纪初，法国学者马拉尔奇曾经实际测量过蜂窝，测得蜂窝中各个蜂房的底部形成的角度都是 109°28′ 和 70°32′。马拉尔奇觉得奇怪：为什么蜜蜂把蜂房都筑成这个形状呢？他向瑞士数学家克尼格请教。克尼格的计算结果更让人大吃一惊：从理论上来说，想消耗最少的材料制成最大的六棱柱容器，该容器底部的角度就应该是 109°26′ 和 70°34′。实测结果和理论数值仅相差 2′！蜜蜂的精湛技艺真让人赞叹不已。

若干年后，苏格兰数学家利用新的数表重新计算了蜂房底部的角度，得出的结果正是 109°28′ 和 70°32′，与蜂房的实际情况完全一致。到头来，不是蜜蜂筑窝有误差，竟然是数学家算错了！当然，这也不能怪克尼格，因为他使用的那份数表有问题。然而，这份数表的问题是经过一场大事故之后，才被人知晓的。

某一年，一艘船在海上发生了事故，在追究事故责任时，人们发现船长计算航向时有误。船长的计算方法完全正确，怎么会算错呢？原来，人们当时使用的那张数表有错误，而船长用了这份表，就将航向算错了，导致船毁人伤的结局。这次事故之后，有关方面组织力量，对这份数表进行了校正。

这样的传奇故事，谁看了都会产生兴趣，我国著名的数学家华罗庚也不例外。不过，华罗庚最喜欢寻根究底。他觉得，这里面好像还有不少问题没有弄懂，比如，蜂房是一个六棱柱，怎么会有 109°28′ 这样的角度呢？

数学家用高等数学来计算、论证，中学生能不能用初等数学来计算呢？

华罗庚先向生物学家刘崇乐教授请教，刘先生给了他一只蜂窝。看到了实物，华罗庚才恍然大悟。用华罗庚自己的话说，这使他"摆脱了困境"。

原来，从外表来看，**蜂窝**貌似是由一排排六棱柱空腔构成的。其实，从蜂房六角形的洞口看进去，可以发现它的底不是平的，而是由三块菱形拼成的。图 1 所画的就是一个蜂房，只不过图 1 把洞口画在下面，而把蜂房底画在上面，形成了一个"尖顶六棱柱"。前面说到的两个角度，就是图 1 中的∠AP′C = 109°28′，∠PAP′ = 70°32′。

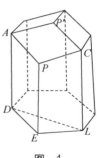

图 1

为什么当∠AP′C 和∠PAP′分别是 109°28′ 和 70°32′ 时，"尖顶六棱柱"的表面积最小呢？

华罗庚把菱形 APCP′ 沿着 PP′ 割成两半，即添一根线 PP′，然后把侧面 ADEP 及尖顶的一部分 APP′ 摊平。注意：ADEPP′ 就是整个表面积的 $\frac{1}{6}$。接着，华罗庚就研究在什么情况下 ADEPP′ 的面积最小，即整个"尖顶六棱柱"的表面积最小（图 2）。

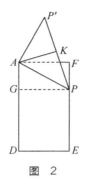

图 2

设 $DE = 1$，过 P 作 AD 的垂线，垂足为 G，设 $AG = x$，此时，

$$AP = \sqrt{1 + x^2}$$。

另外，立体图中显然有

$$AC = DL,$$

而

$$DL = \sqrt{3}，$$

所以

$$AC = \sqrt{3}。$$

反映在摊平的图中，有

$$AK = \frac{\sqrt{3}}{2}，$$

所以，可以算出

$$PP' = 2 \times PK = \sqrt{1 + 4x^2}，$$

进一步可以算出

$$S_{ADEPP'} = S_{ADEF} - \frac{1}{2}x + \frac{\sqrt{3}}{4}\sqrt{1 + 4x^2}。$$

问题就变成，求当 x 等于多少时，函数

$$y = \frac{\sqrt{3}}{4}\sqrt{1 + 4x^2} - \frac{1}{2}x$$

取得最小值。

回答这个问题不一定要用高等数学，也可以运用初等数学。华罗庚很快就找到了初等数学的方法，求出当 $x = \frac{1}{\sqrt{8}}$ 时，"尖顶六棱柱"的表面积有最小值。此时，$\angle AP'C$ 确实等于 109°28′。问题到此就解决了。

华罗庚并不满足，他觉得虽然蜂窝问题有了一些进展，但这仅仅验证了前人的成果，他应该进一步钻研下去，扩大战果。华罗庚论证了一个定理：体积为 V 的"尖顶六棱柱"的表面积（不算底面）在底面六边形边长 $a = \sqrt{\frac{2}{3}} \cdot \sqrt[3]{V}$，中心高度 $h = \frac{1}{2}\sqrt{3} \cdot \sqrt[3]{V}$ 时，取得最小值。

但是，华罗庚实地测量了蜂房的底面边长与中心高度，它们分别等于 0.35 厘米和 0.70 厘米，与定理所得的数据相差很大。

于是问题来了。前人只解决了在形状确定为"尖顶六棱柱"的条件下，组成尖顶菱形的内角是多少度时比较省料，但是，他们没有考虑到高度这个条件。那么，高度究竟应该等于底面边长的多少倍时，整个"尖顶六棱柱"最省料呢？华罗庚从理论上推算出一个结果，但还是和实测不符。华罗庚感慨道：

> 往事几百年，
>
> 祖述前贤，
>
> 瑕疵讹谬犹盈篇，
>
> 蜂房秘奥未全揭，
>
> 待咱向前。

华罗庚对新问题也进行了研究，并得到了一些成果。这些成果后来都被写进了一本名叫《谈谈与蜂房结构有关的数学问题》的书中。

螺蛳壳里做道场

江南地区有一句俗话："螺蛳壳里做道场。"它的意思是，在一个像螺蛳壳那样小的地方，搞了一个大活动。这句话的意思有点儿复杂，既可以谦虚地表示自己的地方小，也可以表示活动规模大、热闹，更含有称赞举办活动的人本领高的意思。"小地方"中有"大内涵"，本领当然高啦！

这里要介绍的是另一种"小中含大"，是实实在在地在"小容器"里放进"大东西"。

A 和 B 两国交战，A 国侵略了 B 国，大量掠夺了 B 国的文物和艺术品。B 国的某博物馆里有好多名贵的藏品，特别是一件形状是正方形、边长为 4.2 米、体型巨大却很薄的艺术品，特别珍贵。博物馆的爱国工作人员决心把这件艺术品保存下来，不能让它落到侵略者的手里。

侵略者知道有这么一件艺术品，特别组织了专门小组，负责搜查这件宝贝。于是，A 国侵略者和 B 国博物馆工作者之间展开了一场斗智斗勇的较量。

侵略者在博物馆和博物馆所在的城市进行了有针对性的搜查。他们在一家工厂的仓库里查到了一件棱长为 4 米的立方体木箱。

"报告，这里有个大木箱。"一个小喽啰说。

"把它打开！"

这个箱子挺结实，小喽啰一时没有办法将它打开。坏头头儿知道要找的那件艺术品的大小，于是就命令："量一量箱子的大小！"

"报告，长、宽、高都是 4 米。"

"……算了，我们走吧！"

这群坏人就这么走了。他们哪里知道，那件珍贵的艺术品就藏在这个木箱里。

这是怎么一回事？读者恐怕也要弄糊涂了，边长为 4.2 米的东西，怎么可能藏进棱长只有 4 米的箱子里呢？

大家在这里可能有一个认识上的误区。尽管这件艺术品比较大，但是它也很薄；箱子虽然小一些，但它是一个长、宽、高都一样的立方体。这样一个"小"立方体箱子，未必不能放进一件"大"而薄的物品。我们来算一下。

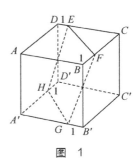

图 1

如图 1 所示，在 BC 上取 F，使 $BF = 1$，在 DC 上取 E，使 $DE = 1$，在 $B'A'$ 上取 G，使 $B'G = 1$，在 $D'A'$ 上取 H，使 $D'H = 1$。作截面 $HGFE$。

因为
$$CF = CE = 4 - 1 = 3,$$
根据勾股定理，
$$EF = 3\sqrt{2}。$$

再算 GF。因为

$$B'F = \sqrt{4^2 + 1^2} = \sqrt{17}，$$

所以

$$GF = \sqrt{B'G^2 + B'F^2} = 3\sqrt{2}。$$

可见，截面 $HGFE$ 是一个正方形，它的边长等于

$$3\sqrt{2} \approx 4.243\ldots > 4.2。$$

珍贵的艺术品就藏在这个箱子里。侵略者上当了！

截面问题一般是很难的题，因为这类题需要我们有极强的空间想象能力，而这一点对于青少年学生来说是比较困难的，需要训练。

下面这个截面问题也很有趣：在棱长是 2 的立方体箱子里（图2），能不能放进一个边长是 1.4 的正六边形的薄片？

粗粗想来，这是不可能的。因为这个正六边形的对边之间的距离 AB 等于 2.38，对面的两个顶点之间的距离 CD 等于 2.8，大大超过立方体的棱长 2。但是，这个正六边形的薄片其实还是放得进这个箱子里的，请看图3。

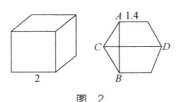

图 2　　　　　　　图 3

阿基米德的墓碑

据记载，大约在公元前 106～前 43 年，古罗马的一位政治家、历史学家西塞罗在游历叙拉古的时候，在荒草中发现一个无主的墓穴，横倒在地上的墓碑上刻着球内切于圆柱的图形（图 1）。他仔细观察，终于认出这是阿基米德的坟墓。

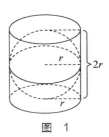

图　1

阿基米德的墓碑上为什么要刻一个几何图形呢？这是因为，在他一生众多的科学发现中，阿基米德最得意的成就就是"圆柱容球"定理：以球的大圆为底，以球的直径为高的圆柱体，其体积为球体积的 $\dfrac{3}{2}$，其表面积也为球表面积的 $\dfrac{3}{2}$。

假设圆柱体的底面圆形半径为 r，我们来计算一下：

$$
\begin{aligned}
\text{圆柱体的体积} &= 2r \times \pi r^2 \\
&= 2\pi r^3 \\
&= \frac{3}{2} \cdot \frac{4}{3} \pi r^3 \\
&= \frac{3}{2} \text{球体积}
\end{aligned}
$$

$$
\begin{aligned}
\text{圆柱体的表面积} &= 2\pi r \times 2r + 2\pi r^2 \\
&= 6\pi r^2 \\
&= \frac{3}{2} \times 4\pi r^2 \\
&= \frac{3}{2} \text{球表面积。}
\end{aligned}
$$

阿基米德曾经嘱咐家人，在他死后把这个图形刻在他的墓碑上。然而，阿基米德的墓碑是他的敌人为他造的。在第二次布匿战争时期，古罗马大将马塞拉斯率领大军来围攻阿基米德生活的叙拉古城。阿基米德和城中的人们一起抵抗敌人，他发明的射石枪和投火器给敌人以沉重的打击。最后，由于城中的粮食耗尽了，城池才被攻破。

当罗马兵入城的时候，马塞拉斯因为敬佩阿基米德的才能，下命令不准伤害这位数学家。可是，阿基米德在当时似乎还不知道城池已经被攻破了。他依旧沉迷在数学中，在地上写写画画。忽然，他面前出现了一个罗马士兵，将他画在地上的几何图踩坏了。

阿基米德气急了，气愤地训斥这个士兵："不要踩我的圆！"

士兵一点儿也不理解数学家的心情，反而蛮横无理地拔出了短剑。"秀才遇到兵，有理说不清"，这位大数学家竟然丧命于一个无知的罗马士兵手中。

阿基米德的死让马塞拉斯感到十分惋惜。他不仅将杀害阿基米德的士兵以杀人犯论处，还为阿基米德建造了一座陵墓。为了表示对阿基米德的敬仰，马塞拉斯还在墓碑上刻上了"圆柱容球"的图形作为纪念。

据说，考古学家已经在意大利西西里岛锡拉库萨市发掘到了阿基米德的坟墓。考古学家是根据什么来辨认阿基米德的坟墓的呢？或许也是根据这个图形吧。

再看 $\pi = 2$ 的把戏

我们已经在前面看到一则关于"$\pi = 2$"的所谓的"证明"，这里还有一则"证明"，涉及了立体几何知识。

有一只半径为 R 的球，以及一个半圆柱状的槽，槽的半径也为 R，长为 $2\pi R$。把球涂上红色的油墨，放在槽里滚动。当球滚了一圈以后，槽的内部完全被染上了红色。这说明球的表面积等于槽的侧面积（图 1）。

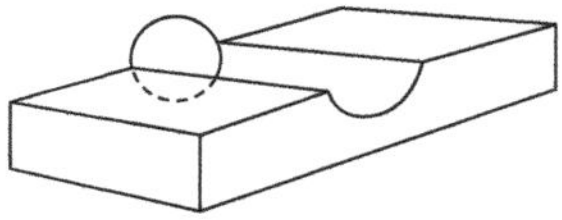

而

$$S_{球表面积} = 4\pi R^2,$$
$$S_{槽侧面积} = \pi R \times 2\pi R,$$

图 1

所以

$$4\pi R^2 = 2\pi^2 R^2,$$
$$\pi = 2。$$

证毕。

这个"证明"错在哪里呢？

聪明人可以看出，如同前面"大圆等于小圆？"一章里的大、小轮子一样，是滚动与滑动在作怪。因为槽的最底下的一条母线与球是纯粹的滚动，其余部分还在滑动。所以，当球滚动一周后，虽然槽的内部全被染上了红色，但这并不说明槽的侧面积与球的表面积相等。

正确的结论应该是：槽的侧面积大于球的表面积。

怪怪的牟合方盖

从马王堆汉墓出土文物谈起

在湖南马王堆汉墓出土的文物中，有一个奇形怪状的漆盒，它既不是方的，也不是圆的，而是方中带圆（图 1）。这种形状叫"牟合方盖"——名字也是怪怪的。可就是这个怪怪的东西，在数学史上立了大功。

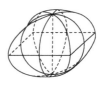

图 1

人们很早就找到了计算立方体体积的公式，可是球体的体积怎么算呢？在我国的数学史上，寻找计算球体体积的公式经历了漫长的历程。我国最早记载球体体积计算的著作是《九章算术》。书中虽然没有直接给出计算球体体积的公式，但在讲"开方圆"的问题时，提到了如果知道球体的体积是 V，那么它的直径 d 可通过下列式子算出

$$d = \sqrt[3]{\frac{16}{9}V} \, ,$$

这相当于给出球体体积公式

$$V = \frac{9}{16}d^3 。$$

把 $d = 2r$（r 为球半径）代入上式，可以算出（设 $\pi \approx 3$）

$$V \approx \frac{3}{2}\pi r^3 。$$

将这一结果与现在的球体体积公式 $V = \frac{4}{3}\pi r^3$ 比较：

$$\frac{3}{2}\pi r^3 - \frac{4}{3}\pi r^3 = \frac{1}{6}\pi r^3 。$$

两者相差 $\frac{1}{6}\pi r^3$，误差很大。

这个式子虽然误差很大，但还是为计算球体体积带来了方便。

没过多久，东汉时期的科学家张衡发现上述公式很不精确，于是动手改进。他把球放进一个各内壁都和球相切的方纸盒里，经过一系列推导与计算，得出方盒的体积与球的体积之比等于 8：5。张衡想，只要算出方盒的体积，再乘以 $\frac{5}{8}$，就能得到球的体积了。他哪里料到，这样计算误差更大，因为两者的体积之比并不是 8：5。

尽管张衡失败了，但是他考虑问题的思想方法给三国时期的刘徽一个很大的启发。

刘徽首先探讨了张衡的研究成果，找出并纠正了其中的错误，然后像张衡那样把球体体积的计算转换到另一个比较容易计算的立体上去，从而得到准确的球体与该立体的体积之比。

他同样先作球的外切立方体，同时还用两个底面直径等于球体直径的圆柱从立方体内穿过去（图2），这时候，球被包含在两圆柱相交的公共部分（现称"相贯体"）中，并与两圆柱相切（当然也和"相贯体"相切）。刘徽给两个圆柱相交的公共部分，也就是这个相贯体取名为"牟合方盖"。刘徽正确地计算出球体体积和"牟合方盖"的体积之比是 π：4。只可惜，刘徽当时不知道"牟合方盖"（图 1）的体积是多少，所以最终未能得出球的体积公式。

图　2

直到南北朝时期，著名数学家祖冲之和他的儿子祖暅继承了刘徽未竟的事业，终于算出"牟合方盖"的体积是 $\frac{2}{3}(2r)^3$，再利用刘徽早已求出的关系式

$$V_{球}：V_{牟} = \pi：4,$$

立刻得到球体体积公式

$$V_{球} = \frac{1}{4}\pi V_{牟}$$
$$= \frac{1}{4}\pi \times \frac{2}{3}(2r)^3$$
$$= \frac{4}{3}\pi r^3 。$$

准确的球体体积的计算公式就这样诞生了。而且，祖暅在计算"牟合方盖"的体积的时候创造了一种新方法，这种方法已经属于微积分的范畴，后人称之为祖暅原理。

祖暅原理是这样的：如果用任意的平面去截两个立体，截得的截面面积都相等，那么这两个立体的体积相等。在国外，同样的原理是由卡瓦列里发现的，所以它也被叫作卡瓦列里原理。其实，卡瓦列里的研究比祖暅晚了 1000 多年（图 3）。

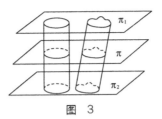

图 3

"牟合方盖"功劳大，但结构复杂，不容易想象。为了说明祖暅原理，我们用另一个方法来求球的体积。这个具体方法不是祖暅创立的，但用的也是祖暅的思想，比较通俗易懂。

先作两个立体：一个是半球，半径为 R；另一个是在圆柱（底面半径是 R，高也是 R）内部挖去了一个圆锥（底面半径是 R，高是 R）的立体——为了讲解方便，我们暂且叫它立体 a。将这两个立体如图 4 那样放置在同一桌面上。

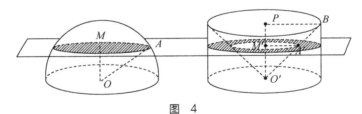

图 4

设想用一个平行于桌面的平面来切这两个立体。如果这个平面距离桌面的高度 h 是 0，那么两个立体的截面都是圆，面积显然是一样的；如果这个平面距离桌面的高度 h 是 R，那么两个立体的截面面积都是 0，也是一样的；如果这个平面距离桌面的高度 h 在 0 和 R 之间，那又会怎么样呢？

这时，半球的截面是个圆，立体 a 的截面是个圆环。我们来研究一下它们的面积是否相等。

先看半球。在 $\triangle OAM$ 中，

$$OA = R, \quad OM = h,$$

所以，

$$AM = \sqrt{R^2 - h^2}$$
$$S_{圆} = \pi(R^2 - h^2)。$$

再看立体 a。在 $\triangle O'BP$ 中，

$$O'P = BP = R, \quad O'M' = h,$$

所以，

$$A'M' = h,$$
$$S_{圆环} = S_{大圆} - S_{小圆}$$
$$= \pi R^2 - \pi h^2。$$

也就是说，半球和立体 a 的截面面积是相等的。

如果用任意一个截面去截两个立体，所得的截面积都相等，祖暅原理告诉我们，这说明两个立体的体积是相等的。所以

$$V_{半球} = V_a$$
$$= V_{圆柱} - V_{圆锥}$$
$$= \pi R^3 - \frac{1}{3}\pi R^3$$
$$= \frac{2}{3}\pi R^3。$$

于是，球体积等于 $\frac{4}{3}\pi R^3$。

爱迪生巧测灯泡

爱迪生的实验室里来了一位新助手名叫阿普顿，他是一所名牌大学数学系的毕业生。有一天，爱迪生交给他一项任务：计算一只梨形灯泡的容积。

"这个灯泡算什么图形呢？它既不是球，也不是圆柱……真不容易啊！"阿普顿一边想，一边拿出尺子在灯泡外上上下下地量了又量，然后画了草图，又列了一道道算式，埋头计算起来。

过了个把小时，爱迪生走了过来，关心地问他："算好了吗？"

"还没有，正算到一半。"阿普顿擦着汗说。

爱迪生低头一看：真不得了，几大张白纸上密密麻麻地写满了数学符号和算式。爱迪生忍不住笑了，说："还是换个方法算吧。"

爱迪生在梨形灯泡内注满水，说："你把水倒进量杯里，量出水的体积，不就是灯泡的容积了吗？"

阿普顿脸红了，自己怎么就没有想到呢？

爱迪生的解法和于振善的"称地积"有异曲同工之妙。这类问题初看起来好像很难，让人百思不得其解，简直是"山重水复疑无路"。但是，如果放开思路，换一个角度去考虑，比如用物理方法解决数学问题，那么有时就可能会"柳暗花明又一村"，得到一个巧妙而简单的解法。

类似的情况还真不少。一个乡镇企业里有一个"油坦克"，它既像一个卧放着的椭圆柱（图1），又像一个坦克。它可以盛放汽油等液体，所以被称为"油坦克"。该企业的负责人想知道"油坦克"里有多少油，于是让工作人员制造一把标尺，只要把这把标尺从"油坦克"上方的加油口（B）里伸进去一量，根据油的深度就可以知道油的体积。

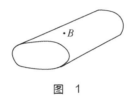

图 1

实际上，这个问题要求的是一个函数关系——液体深度和体积之间的函数关系。如果想用纯数学的办法解决问题，那么一定要用到高等数学。工作人员束手无策。这时，一位聪明的中学生想出一个办法：先往油坦克里倒 10 升油，然后将直尺伸进去量一下液体的深度；再将直尺拉出来，做一个标记；再往油坦克里倒 10 升油，将直尺伸进去量一下；拉出来，再做个标记……油倒满了，标尺也就做成了。

假如你遇到了下面两个难题，你会怎样解决？

第一个问题。有一个旋紧盖子的玻璃瓶，下半部分是圆柱形，上半部分是不太规则的瓶颈，瓶里盛有大半瓶水。有什么方法可以只用一把带刻度的直尺就能测出瓶子的容积呢？

一个简单的方法是：用直尺量出瓶底的直径 D 和水的高度 h_1，然后把瓶子倒立，量出空腔的高度 h_2（图 2），可以算出：

$$瓶子的容积 \ = \ 水的体积 \ + \ 空腔的容积$$

$$= \frac{1}{4}\pi D^2 h_1 + \frac{1}{4}\pi D^2 h_2$$

$$= \frac{1}{4}\pi D^2 (h_1 + h_2)。$$

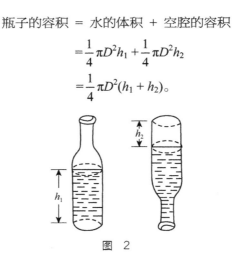

图 2

第二个问题。一个标有 5 升和 10 升刻度的透明玻璃瓶中装有某种液体。有人已经用去了一些液体，所以液面在 10 升刻度的下面一点儿，但仍在 5 升刻度的上面；除了另一个要用来装这种液体的瓶子外，现在没有其他容器（包括量杯）可以使用。怎样保证从瓶子里准确地倒出 5 升液体？

有人想出了一个聪明的办法，他先往瓶里丢一些玻璃弹子，使液面升到 10 升刻度处，然后倒出液体，使液面降至 5 升刻度处。这不就成功了吗？

化尴尬为神奇

有这么一句名言："化腐朽为神奇。"我借用这句话，并稍加改造，成了这篇的标题——"化尴尬为神奇"。

几十年前，我为一个小学数学教师的进修班讲解初等微积分。当时的小学教师大多毕业于正规中等师范学校，很多人没有学过微积分。当年，不少教师的学历是初中毕业，来小学教书；甚至有的教师自己的学历是小学毕业，就来小学教书。所以，当我讲到用定积分推导圆锥体积公式时，一位学员感慨万千地说："以前给学生讲到这个公式时，我用的都是倒水实验的办法。"

把一个圆锥形容器装满水，再把水倒入与圆锥形容器等底、等高的圆柱形容器里面，三次正好装满，由此可知，圆锥的体积是与其等底、等高的圆柱的三分之一，于是得出公式：

$$V_{圆锥} = \frac{1}{3} V_{圆柱} = \frac{1}{3} Sh。$$

这位学员继续说："有一次，我在实验过程中损耗了一些水，实验不成功，学生就起哄起来了，弄得我很尴尬。我脸也红了，张口结舌。今天我才知道，原来这个公式是可以证明的。"

在小学阶段，教师在讲述一些面积和体积问题时采用了实验法，稍有疏忽，就免不了出现尴尬的局面。其实，如果教师知道微积分的知识，心中有了底气，就可以"化尴尬为神奇"。当尴尬局面出现的时候，教师可以这样对学生说："是的，实验做得不精确，但是大家不要怀疑这个公式的正确性，因为将来你们会学到微积分，可以证明这个公式。"这样一来，既化解了尴尬，又把微积分可以证明这个公式的知识提前告诉了学生，有利于提高学生的求知欲，可以取得神奇的效果。

正如华罗庚先生说的："我讲书喜欢埋些伏笔，把有些重要概念、重要方法尽可能早地在具体问题中提出，而且不止一次地提出，目的在于学生将来在进一步学习的时候，会较易接受高深的方法，很可能某些高深的方法就是对早已有之的朴素简单的方法的抽象加工而已。"

割补法：三棱锥

除了实验的方法，面积计算还有一个重要手段——割补法。那么，在体积计算中，这个方法还有没有效果呢？

先看棱锥体积。图 1 是一个三棱柱，为了说明其普遍性，这里用了一个斜三棱柱，记作 *ABC-A'B'C'*。它具有棱柱的特征：上下底互相平行，棱 *AA'*、*BB'*、*CC'* 也互相平行，只是棱和底面不垂直而已。如果它们互相垂直，那这就是一个直三棱柱；如果底 *ABC* 是等边三角形，那这就是一个正三棱柱。

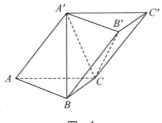

图 1

我们将它分割成 3 块三棱锥。第一块是三棱锥 $A'\text{-}ABC$，它以 A' 为顶点，ABC 为底。第二块是三棱锥 $C\text{-}A'B'C'$，它以 C 为顶点，棱柱的上底面 $A'B'C'$ 为底。这是一个倒置的三棱锥，大家看起来可能有点儿不习惯。

第一块和第二块三棱锥的体积是相等的。因为它们的底面的三角形是全等的，高又是相等的，只是位置有所区别而已。

第三块是三棱锥 $A'\text{-}BCB'$。把它和第二块做比较，我们会发现它们的底面都是平行四边形 $BCC'B'$ 的一半，是全等三角形，高也是相等的。我们可以认为第二块和第三块三棱锥的体积是相等的。

因此，整个三棱柱 $ABC\text{-}A'B'C'$ 被分成了体积相等的 3 个三棱锥：$A'\text{-}ABC$、$C\text{-}A'B'C'$、$A'\text{-}BCB'$。所以每个三棱锥的体积都等于原三棱柱的体积的 $\dfrac{1}{3}$，即三棱锥的体积等于和它等底等高的三棱柱的体积的 $\dfrac{1}{3}$。

$$V_{三棱锥\ A'\text{-}ABC} = \frac{1}{3} V_{三棱柱\ ABC\text{-}A'B'C'} = \frac{1}{3} Sh。$$

割补法：四棱锥

以上讲的是三棱锥的体积公式，那么，四棱锥的体积公式可不可以也用割补法推导?

先作一个立方体（它有 6 个面），再找到这个立方体的对称中心，然后将立方体分割成 6 块。这 6 块都是以立方体的对称中心为顶点、以立方体的 6 个面为底的正四棱锥。也就是说，一个

立方体被拆成 6 个正四棱锥（图 2），其中每一个正四棱锥的体积

就是原立方体体积的 $\dfrac{1}{6}$。这是第一步。

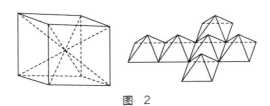

图 2

第二步，用一个经过立方体的对称中心，且平行于立方体上、

下底的平面，来截这个立方体，把立方体截成两个"半立方体"

（它是与这些棱锥等底、等高的正四棱柱）。既然每个正四棱锥的

体积是原立方体体积的 $\dfrac{1}{6}$，那么，每个正四棱锥的体积就是"半

立方体"体积的 $\dfrac{1}{3}$（图 3）。

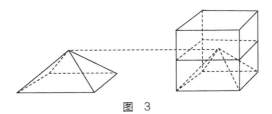

图 3

这样一来，如果一个正四棱锥的底面边长是 a，高是 $\dfrac{1}{2}a$，那

么它的体积是相应的正四棱柱（就是那个"半立方体"）的体积

的 $\dfrac{1}{3}$，即 $\dfrac{1}{3}Sh = \dfrac{1}{3}a^2 \cdot \dfrac{1}{2}a$。

于是，这么一个特殊的正四棱锥（高是底面正方形的边长的

一半）的体积公式得证。

这个证明方法有点儿啰唆：先将立方体分割成 6 个正四棱锥，然后再说明半个立方体可以被分割成 3 个正四棱锥，最后得到正四棱锥的体积等于"半立方体"（一个正四棱柱）体积的 $\frac{1}{3}$。

其实，利用 3 个正四棱锥，也可以直接拼出一个正四棱柱（图 4），这样说明问题更浅显明了。操作的时候，只要顺着胶带折合就行了。有兴趣的读者可以动手试试，这也是一个很有意思的游戏。

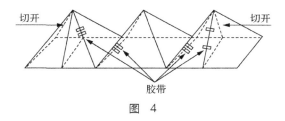

图 4

我们花了九牛二虎之力，其实只证明了一个特殊正四棱锥的体积公式。一般的四棱锥呢？还有五棱锥、六棱锥……它们的体积公式能不能用割补法推导？

方法是有的，我们以一般的四棱锥为例。

设四棱锥的底面积为 S，高为 h。经过顶点和底面的对角线作截面，把四棱锥拆成两个三棱锥，它们的高仍是 h，底面积分别是 S_1、S_2。根据前面推导出来的三棱锥的体积公式，这两个三棱锥的体积分别等于 $\frac{1}{3}S_1h$ 和 $\frac{1}{3}S_2h$。

$$\frac{1}{3} S_1 h + \frac{1}{3} S_2 h = \frac{1}{3}(S_1 h + S_2 h) = \frac{1}{3} Sh。$$

可见，它们的体积之和等于四棱锥的体积。四棱锥体积公式得证：

$$V_{四棱锥} = \frac{1}{3} Sh。$$

这个方法好处是：第一，无须限定非是正四棱锥不可，一般的四棱锥也可以；第二，这个方法可以推广到五棱锥、六棱锥……也就是说，用割补法可以推导出任意边数的棱锥的体积公式。

割补法行不通了

可以说，棱锥的体积公式只用割补法就被完满地证明了，但圆锥就不行了，要证明圆锥的体积公式必须利用微积分。

证明的方法有很多种，比如：将圆锥的高分成 n 份，过各个分点作平行于底面的平面，将整个圆锥分割成很多薄片；分别计算出这些薄片的体积（近似值），将它们加起来；当 n 越来越大时，薄片就越来越薄，薄片的体积之和就越来越接近圆锥的体积；最后取极限，就得到了圆锥的体积公式。更一般的方法是利用定积分公式，这里就不赘述了。

三用瓶塞

一个人收藏了三个古怪的瓶子，它们的瓶口形状见图 1a、图 1b 和图 1c，我们暂时把它们分别叫作方口瓶、"T"形口瓶和圆口瓶。现在，收藏者想给三个瓶子配上瓶塞。但是，制作瓶塞用的软木仅够做一只瓶塞。好在同时使用这三个瓶子的机会很少，所以，他决定仅做一只通用瓶塞。

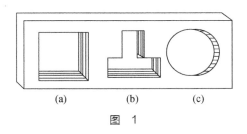

(a)   (b)   (c)

图 1

这个瓶塞究竟要做成什么样，才能对三个瓶子都适用呢？

收藏者先把软木做成图 2a 中的立方体，并在每个瓶口试试，发现它只对方口瓶适用，对其他两个瓶子不适用。

他又把立方体削去一些，制成图 2b 中的形状。然后，他又拿去在每个瓶口试了试，这次瓶塞不但适用于方口瓶，而且也适用于"T"形口瓶，但对圆口瓶仍然不适用。

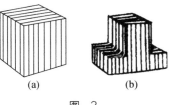

(a)   (b)

图 2

最后，他把瓶塞做成图 3 中的形状，这才对三个瓶子都适用了。

图 3

要把一个立体画出来让人看懂，一种方法是画成形象图，又叫立体图。但是，对于形状复杂的立体，这种方法很难把它的结构表达清楚。所以，工程技术人员又创造了一种三视图，就是从三个方向看这个立体，画出三幅图：从前面看到的图形叫主视图，从左面看到的图形叫左视图，从上面看到的图形叫俯视图。将这三幅图配合起来看，人就可以在头脑中想象出立体本来的形状。

这个通用瓶塞的三视图如图 4 所示，其三种外轮廓线恰巧就是三个古怪瓶口的形状。

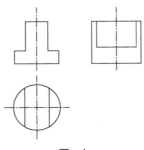

图 4

心灵手巧的白铁工

在日常生活和生产中，往往要用白铁皮做一些直角弯头（图1）。过去，家庭取暖用的火炉上的通气管和工厂里的通风设备都少不了它。现在，中国城镇的空调普及率较高，这种弯头不多见了，但是在一些宾馆、办公楼以及工厂

图 1

的中央空调系统中还是少不了它，只是人们把这些弯头都隐藏起来了而已。

这种直角弯头应该怎样制作、怎样下料呢？

直角弯头是由两个斜截圆筒组成的。所谓斜截圆筒，顾名思义是将一个圆筒斜截一刀所得到的"半"个圆筒（图2a）。沿着斜截圆筒的一条母线 MN 把它剪开、摊平，截口是一条弯弯曲曲的线，叫作正弦曲线（图2b），具体画法如图2c所示。只要准确地把这条正弦曲线画在铁皮上，就可以做成一个斜截圆筒，然后用两个斜截圆筒对接起来，就可以焊成一个直角弯头了。

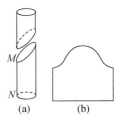

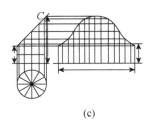

(a)　　　　(b)　　　　(c)

图 2

用两块如图 2b 所示的铁皮可以做两只斜截圆筒，并且对接成一个直角弯头。但是这样裁割很费料，心灵手巧的白铁工可不愿意这样做。他们像图 3 那样排料，其中一只的接缝在"长头"，另一只的接缝在"短头"。

像图 4 这样裁割也可以，这时接缝在"腰间"。

图 3 图 4

还有一种弯头，它的直径比较粗，并且是逐渐拐弯的，有人形象地把这种弯头叫作"虾米腰"。也许，工匠们在最初设计这种弯头时，真是从虾米腰部的构造得到启示的呢。

为什么要把弯头做成"虾米腰"型呢？因为这样可以使排气的速度比较快。如果弯头是直角的，气流从上一个圆筒流过来时，会迎面撞到下一个圆筒的壁上，继而被顶回来，那么气流就不能顺利通过了。而在"虾米腰"里，气流会沿着管道的方向逐渐拐弯，通畅地流出去。同时，气流对弯头壁的撞击力也比较小，可以延长弯头的使用寿命。

"虾米腰"是一节一节弯成的。展开其中一节，我们可以看出它是由一上一下两条对称的正弦曲线组成的。按照直角弯头的排料思想，制作"虾米腰"可用如图 5 所示的"鱼形"排料法，其构思十分巧妙。

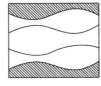

图 5

从魔方到"伤脑筋 12 块"

风靡一时的魔方

在 20 世纪 70 年代中期，匈牙利布达佩斯建筑学院的老师鲁比克为了向学生讲解立体几何，制作了一种器具，这就是后来风靡世界的智力玩具——魔方。魔方的魔力大到什么程度呢？下面讲几个故事，大家就能有所体会。

一位匈牙利学者带了几块魔方去参加在芬兰召开的国际数学会议，竟然在会上引起了骚动。那些大学者竟然像小孩子一样，争着玩耍。

美国麻省理工学院人工智能研究所的研究人员玩魔方到了如痴如醉的程度，他们说："就算有人惊叫'失火了'，我也会把手里的魔方玩到结束再逃走。"这大有当年阿基米德大吼"不要踩我的圆"的气概。

据说，一位老人在买了魔方之后，迫不及待地边走边玩，结果一头撞到树上，让人哭笑不得。

玩魔方后来演变成一项比赛，比赛要求将弄乱的魔方还原，看谁用的时间最少。这项比赛吸引了许多人，纪录也不断被刷新。比如，2018 年 11 月 24 日，在 2018WCA 芜湖魔方公开赛上，我国选手杜宇生用时 3.47 秒打破了三阶魔方的世界纪录。

"伤脑筋12块"

魔方果然有它的魅力。但是，中国有几千年的文明史，在漫长的岁月里，出现了多少美妙的玩具，如七巧板、九连环，等等，其智力成分和玩赏趣味都不亚于魔方，为什么就没有引起那么大的轰动呢？魔方轰动世界这件事，曾经激发了中国教育界、新闻界和玩具制造界人士的斗志，希望能够发掘、创造出像魔方一样，甚至胜过魔方的智力玩具。就在这样的背景下，"伤脑筋12块"登场了。

"伤脑筋12块"是什么东西呢？我们先来研究一下。把5个同样大小的正方形拼合在一起，拼合的时候要求正方形的边和边全部重合（而不是只有一部分，或只有一点重合），可以拼出几种不同的形状呢？

第一种方法当然是把5个小正方形拼成一个长条。这种方法的结果是唯一的，就是五连条，如图1中的1。

第二种方法是把4个小正方形拼成一条，把另一个小正方形"粘"在边上，这就是1-4组合，该组合有两种粘法，见图1中的10和11。

把3个小正方形拼成一条，把余下的2个小正方形拼在这个长条的边上，拼法就多了，可以拼成2排或者3排。首先，如果拼成2排，那么一排有3个小正方形，另一排有2个小正方形，即2-3组合，有图中的7、9、2三种拼法；其次，如果拼成3排，则有12、4（1-1-3组合）和5、8、3（1-3-1组合）五种拼法。

此外，还有一种拼法，即 6（1-2-2 组合）。

这样算下来，一共有 12 种拼法。这 12 种形状的纸片或木块，又可以拼成什么形状的图形呢？比如，它们可不可以拼成一个长方形呢？

如果每个小正方形的大小是 1×1，那么我们知道每一块纸片的面积是 5，而且 12 块纸片的总面积是 60。图 1 就是一个 6×10 的长方形，它是由这 12 块纸片拼成的——拼法很多，但都不容易找到，所以人们称之为"伤脑筋 12 块"。

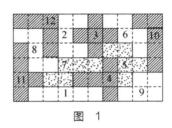

图 1

然而，"伤脑筋 12 块"的命运最终不能和魔方媲美。

"伤脑筋 12 块"发明于 20 世纪 50 年代，并在 80 年代初被重新发掘出来。发明者是一位普通教师，名叫方不圆。方不圆还是一位业余的智力玩具发明家，他在业余时间悉心钻研，除了"伤脑筋 12 块"之外，还发明、改进了"万花盘"系列、"九连环"系列、"六疙瘩"系列和"华容道"系列等十几种玩具。

可惜，方不圆先生的命运也很让人"伤脑筋"。他在发明了"伤脑筋 12 块"后，遭遇人生变故，甚至妻离子散。"伤脑筋 12 块"就此销声匿迹了。过了很多年，当魔方早已风靡全世界的时候，上海《文汇报》的记者才在方不圆老人简陋的居室里找到了他，方不圆和他的发明这才重新公之于世。"伤脑筋12块"受到了大众的欢迎，也得到了专家的好评。可是，玩具在投产过程中几经周折。"伤脑筋12块"像一块丢入水中的石子，在激起了几圈小小的波澜后，终究没能成为风靡全球的智力玩具。然而，"伤脑筋12块"毕竟是好东西，特别是，其中蕴含的方不圆先生的创造精神，以及为使之扬名而奔波的记者们，都是值得称赞的。方先生于2008年6月14日离开了人世，享年90岁。

适用于大坝的新砖块

如今在建筑工程中常用的砖块，如八五砖、九五砖、大型砖块等，都是长方体。人们在用这些砖砌墙的时候，一定采用交叉排列方式（图 1），绝不会砌成图 2 中的样子。你知道这其中的道理吗？

图 1 　　　　　　　　　　 图 2

一幢建筑物要经受风吹雨打，甚至地震等灾害的考验。如果照图 2 那样砌砖，一经震动，特别是左右方向的摇动，墙体马上就会产生纵向的裂缝。如果像图 1 那样交叉砌砖，建筑物就比较能经得起震动。这是因为，上一层的每一块砖都压在下一层的两块砖上。

那么你可能会问："用长方体的砖块交叉砌墙已经很理想了，为什么还要设计新式砖块呢？"

我们刚才说的是砌墙，如果要砌大坝，那么长方体砖块就不行了。因为大坝不仅要承受左右方向的震动，而且要承受前后方向的水的冲力。

从几何角度看，砌墙问题是用平面材料铺满平面的问题，而砌坝问题则是用立体材料嵌满整个空间的问题。也就是说，砌墙是平面镶嵌问题，而砌坝是空间镶嵌问题。

哪些立体能嵌满整个空间呢？

正多面体很美观，但很可惜，五种正多面体中只有立方体可以填满整个空间。

有好几种柱体也可以填满空间，如三棱柱、四棱柱和六棱柱。蜂房状的立体（正六棱柱）可以填满整个空间（图3）。这一点当然是很容易理解的。有一种立体叫作菱形十二面体，也可以填满空间。但它比较复杂，我们就不去谈它了。

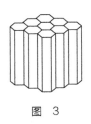

图 3

把13个同样大小的球如图4和图5那样堆垒起来，可以看出，一个球被 12 个球包围着。把外围的 12 个球的球心连接起来，可以得到图 6 和图 7 那样的立体。我国清代数学家梅文鼎已经发现了图 6 中的立体，还制成了一种具有这种形状的灯。这两个立体都可以叫作半正十四面体。因为球可以用图 4 和图 5 的方式继续堆垒下去，所以半正十四面体可以填满整个空间。

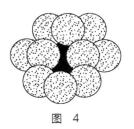

图 4

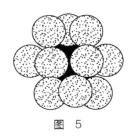

图 5

还有一种立体叫截角八面体，它可以按图8的方式填满空间。

能填满空间的立体真不少，但是，华罗庚认为其中最能经得起前后、左右摇晃的立体是截角八面体。而且，它的表面积较小，砌大坝时更节省材料。所以，华罗庚建议在建造大坝的时候，最好使用"截角八面体砖块"。

截角八面体可被看成由正八面体截去 6 个"角"得到的立体（图 9）。铜的晶体也是这种形状。

图 6 图 7 图 8 图 9

开普勒猜想解决了

有一则尽人皆知的寓言叫《乌鸦喝水》，故事讲的是，一只乌鸦看到一个瓶子里有一些水，它想喝水，但因为瓶口太小而喝不到。乌鸦想，怎么才能喝到水呢？它看到旁边有很多石子，于是它衔着石子，把石子丢进瓶子里，水面慢慢地升高了。最后，聪明的乌鸦喝到了水。

乌鸦想尽快喝到水，水的多少是一个重要因素。另外，石子被丢进瓶子后呈现出的堆法，也是不可忽视的因素。这里面有一个数学问题呢！

在 16 世纪末，英国的雷里爵士遇到了堆放球状炮弹的问题。他写信请教数学家哈里奥特，问怎样能够快速计算出一个箱子里所装炮弹的数目。哈里奥特又向行星运动三大定律的发现者——德国著名天文学家、数学家开普勒请教。开普勒对堆垒问题本来就有兴趣，于是就深入研究起这个问题来。这就是"球最密装箱问题"的来历。

球装箱的最简单的方法是"立方体法"，也就是让 4 个球的球心形成一个正方形，然后在上面再放 4 个球，让 8 个球的球心构成立方体。但是，这样堆放，箱里还有较大的空隙，空隙大约占了箱体总体积的 48%。也就是说，箱子中大约有一半空间没有被利用，显然，这样装是不经济的。

于是，开普勒提出了"面心立方体法"的堆垒方式，即上层球安放在下层球的凹处（参见"适用于大坝的新砖块"一章中的图 4 和图 5）。他算出，这种堆垒方式的空隙大约占了总空间的 26%。开普勒认为，这大概就是最密实的装箱方法了。这个想法看起来是不会错的，因为水果商人早就这样装水果了，但谁也没有办法从理论上证明它。所以，这只是一个猜想——数学界把这个猜想称作"开普勒猜想"。

因为这个问题貌似简单，所以不少人都想试一试，结果大家屡试屡败。就连 19 世纪的大数学家高斯也只证明了二维的情形，对三维的情形无能为力。

1900 年，这个问题被列为希尔伯特提出的 23 个问题之一。希尔伯特的 23 个问题是 20 世纪数学发展的一大主线，因此，数学家们对跻身其中的"球最密装箱问题"有很大的兴趣。

1998 年 8 月 25 日，美国《纽约时报》报道："黑尔斯教授经过十几年的努力，借助计算机证明了'开普勒猜想'是正确的。"他的论文长达 250 页——证明太长，以致十几名审稿人在长时间审阅后，放弃了审查。直至 2003 年，评审组才给予了评价："99%确定"此证明正确。历时约 400 年的悬案终于落下帷幕。

如今，"球最密装箱问题"已经找到了更大的用武之地：在信息论里，编码理论和"球最密装箱问题"其实是息息相关的。

飞机为什么迫降在阿拉斯加？

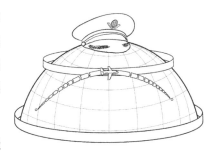

1993 年，一架客机从上海飞往美国洛杉矶，因受强气流的影响，飞机于途中迫降在美国阿拉斯加州阿留申群岛的某空军基地。

读者可能会产生这样的疑问："怎么搞的？上海和洛杉矶只相隔了一个太平洋，为何途中经过了阿拉斯加？飞机是绕道而行了，还是偏离了航向？"

在我们的印象中，美国的阿拉斯加州是一个很冷的地方，而中国的上海和美国的洛杉矶都处于温带地区。打开地图看一下，上海和洛杉矶的纬度确实差不多，都在北纬 30°多一点儿的位置，只是上海位于东经 120°，洛杉矶位于西经 120°。从平面地图上看，似乎沿北纬 30°的圆飞行，距离最近。从上海飞往洛杉矶的客机为什么会迫降在纬度更高、天寒地冻的阿拉斯加州呢？飞机岂不是绕远道飞行了吗？

人们比较熟悉平面几何，然而，这个问题要放到地球这个球体中来研究。一个球面上有两点 A 和 B，它们之间哪条路线最近呢？数学证明了，经过两点以及球心作一个截面，这个截面和球面有一条交线，这条交线是一个圆。沿着这个圆从 A 走到 B，就是球面上这两点之间的最短路线。

经过球心的截面和球相交的圆叫作大圆。所以在球面上，两点间的最短路线总在大圆上。要验证这一点，可以用橡皮筋套在一个球体上，譬如一个西瓜上试一试。将橡皮筋拉开，使它通过球上的两点 A 和 B，这根橡皮筋一定是沿大圆绷紧的。

因此，飞机从上海出发，经过阿拉斯加州飞往洛杉矶，它不是绕远道，而是沿最短的航线飞行。地球是近似球体的，地球上两点之间的距离以经过这两点大圆的圆弧为最短。而经过上海和洛杉矶的大圆恰恰经过阿拉斯加。所以，这条路线比沿 30°纬度的圆飞行要短。我们来计算一下。

如图 1 所示，设 P 是赤道圆上的点，A 和 B 是北纬 30°的圆上的两点，A 表示上海，B 表示洛杉矶。O 是球心，O'是北纬 30°截圆的圆心。因为 A 处于北纬 30°线上，所以$\angle AOP = 30°$，$\angle AOO' = 60°$。如果 $OP = R$，容易算出，

$$O'A = \frac{\sqrt{3}}{2}R。$$

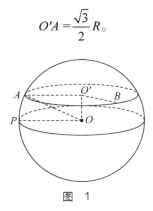

图 1

我们再看圆 O'。$\angle AO'B = 120°$。这是因为，从东经 120°（上

海）到东经 180°转过了 60°，从东经 180°（西经 180°）再到西经 120°（洛杉矶），又转过 60°，总共转了 120°。于是

$$\overset{\frown}{AB} = \frac{120}{360} \cdot 2\pi \cdot \frac{\sqrt{3}}{2} R = \frac{\sqrt{3}}{3}\pi R \approx 0.58\pi R \text{。}$$

这是从上海经北纬 30°的圆飞到洛杉矶的距离。

我们再看过 A 和 B 的大圆。如图 2 所示，可以算出 AB 的长，再用余弦定理，可得

$$\angle AOB = 97°18'，$$

$$\overset{\frown}{AB} \approx 0.54\pi R。$$

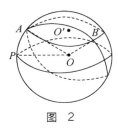

图 2

这是从上海经大圆，也就是经过阿拉斯加州的圆，飞到洛杉矶的距离。

由此可知，由 A 到 B，沿大圆飞行的路径比沿北纬 30°圆飞行的路径少 $0.04\pi R$，由于地球半径 R 相当大，约为 6371 千米，因此 $0.04\pi R$ 约等于 800 千米——即使是这一距离也相当可观了。

所以，飞机从中国上海飞往美国洛杉矶，途经阿拉斯加州阿留申群岛，这既不是绕道而行，也不是偏离了航向，航线完全是正常的。

图论、拓扑、非欧几何等

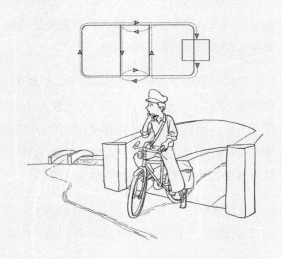

从"七桥问题"到"中国邮路问题"

七桥问题始末

在 18 世纪东普鲁士的哥尼斯堡（今称加里宁格勒市），有一条普莱格尔河。此河有新河、老河两条支流，它们最后汇合成大河。在这两条支流的汇合处有一座小岛。这样，全城就被划分为北、东、南三区和岛区，共有七座桥将它们沟通起来（图 1）。

图 1

要在一次散步中走遍七座桥，既无重复，也不遗漏，这能做得到吗？

哥尼斯堡人曾多次尝试，想在一次散步中无重复地走遍七桥，但从来没有人办成这件事情。大家觉得很奇怪，又猜不透其中的奥妙，便去请教大数学家欧拉。

欧拉画了一个简单的图形来表示哥尼斯堡的地理特征（图 2），用 A、B、C、D 这四个点分别表示北、东、南区和岛区。如果两区之间有桥相通，便在相应的两点之间画上一条线。于是，过桥问题就变成能否用一笔不重叠地画成图 2 了。

图 2

在图 2 中的 4 个点中，A 点、B 点和 C 点都有 3 条通路，D 点有 5 条通路。我们把这样的点叫作奇点。如果一个点有偶数条通路，它就叫偶点。图 2 中没有偶点。

假想一个图可以用一笔画出，那么这个图中除了起点和终点之外，"到达"和"离开"该点的通路总是成对出现的。也就是说，对于除了起点和终点以外的其他结点来说，与之相连的通路总是偶数条。对于起点和终点来说，如果它们不是同一个结点，那么与起点和终点相连的通路都是奇数条。这时，整个图只有起点和终点这两个奇点；如果起点和终点是同一点，那么整个图就没有奇点。

于是，欧拉得出了下面的结论：

- 如果一个图没有奇点，只有偶点，那么这个图肯定能一笔画出，而且从任何一个点开始画，最后都能回到这一点；
- 如果一个图有且只有两个奇点，那么这个图也能一笔画出，但只能从某一个奇点出发，最后回到另一个奇点；
- 其他情形的图是不可能一笔画出的。

由于图 2 中有 4 个奇点，所以它是不可能一笔画成的。这样，七桥问题就解决了。原来，人们根本不可能不重复、不遗漏地走遍这七座桥。

中国邮路问题和管梅谷

到了 20 世纪，运筹学建立起来了。解决了"七桥问题"的奇、偶点思想被应用到最优化理论中，比如下面这个关于邮递员选择送信路线的问题。

图 3 中的邮局在 A 点处，邮递员想从 A 出发，走遍图中各条

路，最终回到 A，能否不走重复的路？如果必定要走重复路线，怎样走可以使重复路线最短？

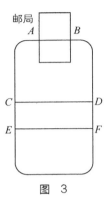

图 3

先数一数图中有几个奇点。不难知道，图中有 4 个奇点，而有 4 个奇点的图肯定是不能一笔画出的。邮递员必须走一些重复路线，这些重复路线用虚线来表示。从图的性质角度讲，我们补上几条虚线，使这个图变成只有偶点的图。譬如下面的图 4 和图 5，就是只有偶点的图。

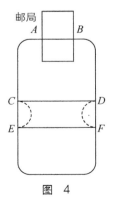

图 4

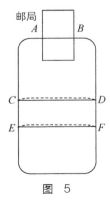

图 5

按图 4 走，重复路线是 *CE* 和 *DF*；按图 5 走，重复路线是 *CD* 和 *EF*。哪个方案的重复路线的长度短一些呢？当然是图 4 中的重复路线更短。假如你是邮递员，当你拿着这样一张街区地图送信的时候，当然应该选择图 4 中的路线。

这个问题是我国数学家管梅谷教授在 1960 年首先提出并解决的。

当年，管梅谷大学毕业才两年，为了研究这个课题，他到了山东济南邮政局，跟着老邮递员挨家挨户地送信。送完信之后，他把路线图画出来，看是不是最短的路线，能不能改进。最后，他受到七桥问题的启发，写出了关于邮路问题的论文。他的工作受到了华罗庚的重视，华罗庚亲自和他谈话。管梅谷的论文发表后，外国人就把这个问题称为"中国邮路问题"。被冠名"中国"的定理或公式在国际上是很少见的，管梅谷确实为中国争了光。

拉姆齐问题

多年前，一场国际数学竞赛中出现了这么一道试题。

求证：任意 6 人在一起，必有 3 人彼此早已认识或彼此本不相识。

这道题别开生面，似乎用不上中学里学过的任何数学知识，让参赛的同学和指导老师都束手无策。不过，时至今日，这类题目早就成为数学竞赛训练的常规题了。可以说，当初能够解出这类题目，是思维敏捷的表现；而如今解出这类题目，或许只是反复训练的结果，不一定能说明什么问题。

在解这道题时，可以用一个点表示一个人，6 个人就是 6 个点。如果两个人早已认识，那么就在这两点之间连起一条红线；如果两个人原来本不相识，那么就在这两点之间连起一条蓝线。这样，这个令人瞠目结舌的问题就变成画在纸上的一张图了。

但是，这张图不是我们熟悉的平面几何图。在这张图里，连接两点的线既可以被画成直的，也可以被画成曲的；既可以画得长一点儿，也可以画得短一点儿。重要的是，点和点之间的连接关系不能弄错。

"3 人彼此早已认识"反映在这张图里，就是一个红色三角形。"3 人彼此本不相识"反映在这张图里，就是一个蓝色三角形。于是，问题就变成了：

给出平面上的 6 个点，在 6 个点中的任意两点之间连一条线，把每条线染上红色或蓝色，那么至少有一个三角形是三条边为同一种颜色的单色三角形。

我们可以这样证明：设 6 个点是 A、B、C、D、E、F；从 A 出发有 5 条线，这 5 条线总共只能有 2 种颜色，所以这 5 条线中至少有 3 条是同一种颜色的。这个道理是很显然的，因为如果用这两种颜色画的线都少于 3 条，即只有 2 条、1 条甚至 0 条的话，那么线的总数就只有 4 条、3 条……0 条了，这和"从 A 出发有 5 条线"矛盾（图 1）。

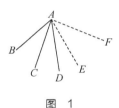

图　1

接下去，我们不妨假定 AB、AC 和 AD 是 3 条红线，然后来研究一下 $\triangle BCD$。

如果 $\triangle BCD$ 是蓝色三角形，那么平面上就已经出现了单色三角形。否则，$\triangle BCD$ 的 3 条边中至少有一条是红的，比如，如果 BC 是红的，那么 $\triangle ABC$ 就是红色三角形。不论是什么情形，平面上都出现了单色三角形，所以命题得证。

研究图的数学分支叫作图论，它是一个诞生于 20 世纪的十分活跃的分支。在图论中，由一些点和这些点之间的连线构成的图形被称为一个图。

图可以用来直观地表示若干事物之间的关系。比如，A、B、C、D 这四支球队展开循环赛，如果已经赛了三场，即 A 与 B、C 与 D、D 与 B 已经比赛过了，那么赛况就可以用一个图表示。人们一看图，就能知道哪两支队之间还没比赛。如果每两支队都对战过了，那么图上的每两点之间都应该有连线。这种每两点之间都有连线的图叫作完全图，图中的点 A、B、C……叫作顶点。如果用规范的语言将上面的题目表达出来，就是：6 顶点的两色完全图中总有单色三角形。

6 顶点的两色完全图中不仅一定有单色三角形，而且至少有两个单色三角形。道理也不复杂，感兴趣的读者可以动笔画一画。

有人自然会问：5 顶点、7 顶点、8 顶点以及更多顶点的两色完全图里，至少有几个单色三角形呢？研究结果是这样的：

5 顶点完全图不一定有单色三角形；

7 顶点两色完全图至少有 4 个单色三角形；

8 顶点两色完全图至少有 8 个单色三角形；

9 顶点两色完全图至少有 12 个单色三角形。

一位叫古特曼的数学家在 1959 年证明了：

$2m$ 个顶点的两色完全图至少有

$$\frac{1}{3}m(m-1)(m-2)$$

个单色三角形。

$4m+1$ 个顶点的两色完全图至少有

$$\frac{2}{3} m(m - 1)(4m + 1)$$

个单色三角形。

$4m + 3$ 个顶点的两色完全图至少有

$$\frac{2}{3} m(m + 1)(4m - 1)$$

个单色三角形。

三色完全图又是怎样的呢?

1928 年,只有 25 岁的英国数学家拉姆齐彻底解决了这些问题,建立了一条"拉姆齐定理"。非常可惜,2 年后,拉姆齐突然病倒,故世了。

数学家的余兴节目

文艺界的朋友们聚在一起时，常常会唱唱跳跳；体育界的朋友们聚在一起时，常常要一起打打球，这叫"三句不离本行"。那么，当数学家们聚在一起的时候，会做些什么呢？

在 19 世纪的一场国际数学学术会议期间，数学家们一边在餐厅里用餐，一边海阔天空地聊了起来。有人提议："我们来表演个节目吧！"这个提议得到了大家的赞同。

这时，法国数学家柳卡·施斗姆不慌不忙地开口了："我来出一道趣味题，让大家做做思维体操，好吗？"他的题目是这样的。

法国勒阿弗尔和美国纽约之间有轮船来往，轮船在途中要行驶 7 天 7 夜，假定轮船匀速行驶在大西洋的指定航线上。已知每天中午 12 点整，一艘轮船从勒阿弗尔开出前往纽约；每天同一时间，一艘轮船也从纽约开出前往勒阿弗尔。问：一艘从勒阿弗尔开出的轮船在到达纽约之前，途中会遇到几艘从纽约开来的轮船？

有人会说，一个航程不是 7 天 7 夜吗？所以答案应该是 7 艘。

不对。在这个问题中，船的位置是动态的，所以，想数清楚从对面开来的轮船数量有一定的难度。据说，柳卡提出的这个问题引起了众多数学家的兴趣，最初的答案五花八门。可见，这道题还是可以让脑子锻炼一下的。

我们可以用一张航程图把这个问题轻松地解出来。在这张图（图 1）中，上面一行数字表示勒阿弗尔的轮船开出的日期，下面一行数字表示纽约的轮船开出的日期。

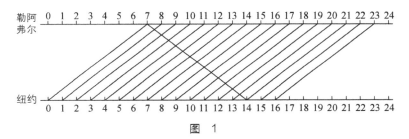

图　1

因为从纽约开出的轮船每天 1 班，在 7 天之后到达勒阿弗尔，所以我们在下面一行的第 0 天与上面一行的第 7 天之间连一条斜线，在下面一行的第 1 天与上面一行的第 8 天之间也连一条斜线，以此类推。同样，因为从勒阿弗尔开出的轮船每天 1 班，在 7 天之后到达纽约，所以我们在上面一行的第 0 天与下面一行的第 7 天之间连一条斜线，在上面一行的第 1 天和下面一行的第 8 天之间也连一条斜线，以此类推。

画了这么多线，人的眼睛都看花了！

我们不如省略几条从上面连到下面的斜线，只画一条线，也就是保留第 7 天从勒阿弗尔开出，并在第 14 天到达纽约的轮船的那条线。现在看一下，这条线与多少条线相交，就代表着对应的轮船会遇到多少艘从对面开来的轮船。

这艘轮船从勒阿弗尔出发的时刻是中午 12 点整，这时，它正巧遇到第 0 天从纽约开出，且经过 7 天 7 夜之后到达勒阿弗尔的那艘轮船，这是它遇到的第一艘轮船。途中遇到的其他轮船可以在图上数出来，一共有13条斜线。最后一次斜线交叉代表着这艘船在第14天的中午12点整到达纽约，此时，正巧有一艘轮船从纽约开出，两船相遇。

因此，这艘轮船一共遇到了15艘从对面开来的轮船。

这个问题后来被改编，并写进了匈牙利的长篇小说《奇婚记》里。在这部小说里，女主角的父亲找女婿的条件就是能够解答三个难题——有点儿像我国古代的"苏小妹三难新郎"——其中第一个问题就类似于柳卡问题。

在解答这类问题时用到的图，在安排火车时刻表、航运表和课程表时很管用。近几十年来，人工智能发展得很快，计算机可以编制更复杂的运行图。

植树节的数学题

一年一度的植树节到了，大家带上水桶、铁锹等工具来到新建成的立交桥下的一片空地。树苗早已被运到了现场，就等着大家动手栽种了。

"巾帼队"分到 9 棵树苗，"雄师队"分到 20 棵树苗。正当大家摩拳擦掌，准备干起来的时候，王大龙向"巾帼队"的女士们提出了一个问题："9 棵树苗，每行种 3 棵，可以排成几行？"

"巾帼队"的高三妹在地上画了画，回答说："3 行！"

"能不能再多几行？注意：某一棵树苗有时既可以算在这一行，也可以算在另一行。"

高三妹想了想说："那应该是 8 行。"

大家看着高三妹画的方方正正的图（图 1），都点头表示同意。可是王大龙说："我可以种 10 行。"

大家表示不信，于是王大龙画出了图 2。真的是 10 行！在场的人们都大吃一惊。

图　1

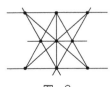

图　2

"20 棵树苗，每行 4 棵，可以种植几行？""巾帼队"的队员张影也向"雄师队"提出了挑战。

大家停下了手里的活，用石子和树枝在地上画起来了，急得带队的组长小李忙"举黄牌"警告："现在大家都先种树，回去再讨论！"这场"植树风波"才平息下去。

植树问题的新纪录

植树问题很有名，历史也很悠久。王大龙的第一个问题也叫"九币题"（硬币和树苗的作用是一样的）。解决了"九币题"之后，人们不断地增加"树苗"的数量，譬如上面提到的，20 棵树苗，每行种 4 棵，可以种几行？

在古代，古希腊人、古罗马人和古埃及人先后解决了 16 行排列的问题，并将美丽的图谱广泛应用于建筑装饰和工艺美术之中。18 世纪，德国数学家高斯猜想，20 棵树的排列应能达到 18 行，但人们一直未见高斯发表他绘制出的 18 行图谱。到了 19 世纪，一位著名的业余数学家山姆·劳埃德反复思考、安排，得出了可以用 20 棵树种 18 行的结论。图形很复杂，让人惊叹不已，这也创下了当年解决该问题的世界纪录（图 3）。

图 3

在 20 世纪，计算机技术的腾飞带动了各个领域的发展，人们开始用新的"武器"重新研究古老的问题，植树问题也是其中之一。利用计算机，有人很轻松地找到了一个 22 行的解法（图 4）。

图 4

　　跨入 21 世纪，数学家们又重新提出了 20 棵树的植树问题。2006 年，辽宁锦州开发区笔架山小学的王兴君老师潜心研究，成功绘制出了 23 行图谱（图 5），打破了纪录。这成果令人十分钦佩，真应该为王老师竖起大拇指。

图　5

　　王老师说："我能够绘制出 23 行图谱，只不过因为我站在了巨人的肩上。20 棵树的植树问题还会有新的突破吗？20 棵树的植树问题最多可以排成多少行？我推算，20 棵树应该最多可以排成 24 行。"我希望王老师的预言能够成真。

"四色猜想"始末

"四色猜想"是数学史上一道著名的难题，解决这道难题花了人们 100 余年时间，让不少数学家伤透了脑筋。

1852 年，一位名叫弗朗西斯·格思里的英国青年在制作地图时发现，每一幅地图只需用四种颜色着色，就能使相邻的国家区分开来。但是，格思里找不出其中的原理。他写信告诉自己的兄弟弗雷德里克·格思里。弗雷德里克动手做了不少实验，没有发现差错。他感到十分惊奇，就去请教自己的老师德·摩根。德·摩根既不能证明这个结论，也找不到能证明一定存在地图着色需要大于四种颜色的情况的反例。于是，他又找著名的几何学家哈密顿爵士一起研究。哈密顿爵士经过长达 13 年的努力，直到 1865 年与世长辞，依然毫无结果。

1878 年，英国数学家凯莱在伦敦数学年会上饶有兴趣地提出了"四色猜想"。对于这个猜想的证明，他寄希望于全世界的数学工作者。就这样，"四色猜想"诞生了。

读者可能会想，这个问题有什么难的呢？只要画几百张地图，看一看是不是一定要用到第五种颜色不就行了？如果所有地图都只要四色就够了，那么我们就可以下结论了。你想错了，数学上的结论都要经过理论上的证明才能成立。打个比方，我们吃一碗螺蛳，前 100 只螺蛳都是新鲜的，但你能保证，这一整碗螺蛳中每只都是新鲜的吗？当然不能。

数学家们为了解决"四色猜想"绞尽脑汁。有趣的是，大数学家赫尔曼·闵可夫斯基（他是爱因斯坦的老师）一向治学严谨，却在这个问题上"翻了船"。有一天，他在给大学生们上课，一个学生向他请教四色猜想问题。闵可夫斯基把四色猜想的证明看得太简单了，于是说："四色猜想一直没有得到解决，那仅仅是因为当今世界第一流的数学家没有研究它。"

然后，闵可夫斯基拿起粉笔，竟然要当堂给学生们推导四色定理。结果，他"挂黑板"了。下一堂课，他又去试，又"挂黑板"了。一连几个星期都毫无进展。最终有一天，闵可夫斯基疲惫不堪地走进教室，其时，惊雷震耳，暴雨倾盆。他愧疚地对学生说："上天正在谴责我狂妄自大，我无法解决四色猜想问题。"

1879 年，英国数学家兼律师阿尔弗雷德·肯普给出了这一猜想的一个"证明"。1890 年，数学家希伍德发现这个证明是错误的。此后，不少数学家都给出过"证明"，但后来这些"证明"逐渐都被发现多少有点儿毛病。

一百多年间，没有人能证明这个猜想成立，但也没有人能证伪这个猜想，它使数学家们陷入了困境。正是由于四色猜想的证明很难，它才成了著名的数学难题。然而，四色猜想出人意料的难度不仅没吓退有志之士，反而激发了数学家们的浓厚兴趣，他们决心要攻克这一难题。

1975 年 4 月 1 日，著名的趣味数学作家马丁·加德纳在《科学美国人》杂志上宣布，他已经准备了一份奖赏，奖励给解决四色猜想的人。其实，这是个玩笑。因为在西方，4 月 1 日是愚人节，在这一天开玩笑是没有禁忌的。加德纳原以为没有人会认真对待，哪知道，他竟然收到了 1000 多封读者来信。连数学爱好者都有这么高的兴趣，可见四色猜想的魅力有多大了。

多年间，数学家们尽管没有解决这个问题，但毕竟做了不少研究。譬如有人证明了五色定理，也就是说，任何一张地图只要用五种颜色着色就够了。特别是，有人找到了一条证明四色猜想的思路，可惜工作量很大。如果由一个人人工计算，那就要耗费几十万年。即使按照 20 世纪 70 年代初电子计算机的计算水平来看，计算机也要工作 10 万小时才能够算出结论，可以想象这一工作量多么大啊！

随着计算机的性能不断提高，数学家希望对证明四色猜想的方案加以改进，于是有人试图用计算机来证明四色猜想。

1976 年，美国数学家阿佩尔和哈肯在电子计算机上用了 1200 小时，终于完成了四色猜想的证明，使它成为"四色定理"。这是 20 世纪最重大的数学成果之一，整个数学界，乃至国际社会都为之轰动。这个证明表明了，以计算机为基础的人工智能对数学的发展有着不可估量的意义。难怪有人认为，这一点比解决四色猜想本身更重要。

但是，还有一些学者对用电子计算机证明定理持怀疑态度。他们认为，如果电子计算机在证题时正巧出了点差错，但又得到了正确结果，那么证得的结果怎能令人信服呢？因此，虽然四色猜想看来是解决了，但是争论还没有平息。

哈密顿周游世界问题

既然本文的题目是"哈密顿周游世界问题"，那么读者也许会想："哈密顿是不是一个像徐霞客那样的旅行家，周游了整个世界？"

哈密顿不是旅行家，而是 19 世纪的爱尔兰数学家，也是一位身份显赫的爵士，他并没有周游世界。1859 年，这位大数学家竟然发明、制作了一件小玩意儿，并将它出售了。价格是多少呢？25 英镑。尽管当年英镑的实际价值和现在的价值可能不一样，但想来这不会是一桩大买卖。

哈密顿发明的玩具是一个正十二面体。顾名思义，正十二面体有 12 个面，每个面都是正五边形，共有 20 个顶点（图 1）。哈密顿在 20 个顶点上标注了世界著名城市的名字，如伦敦、巴黎、柏林、纽约、上海、孟买、开罗……哈密顿要求参加游戏的人从某一个城市出发，沿着正十二面体的棱，游遍每个城市，但不许经过一个城市两次。这个玩具引起了当时上流社会的很大的兴趣。后来，玩具背后的游戏原理被称为"哈密顿周游世界问题"。图 2 展示的路线就是"周游世界"的路线。

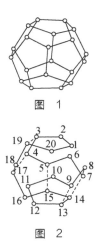

图 1

图 2

尽管这桩买卖并不大，但其背后的数学发现可是了不得的大事。20 世纪诞生的数学分支——图论，就是在哈密顿周游世界问题等理论的基础上发展起来的。在图论里，走遍一个图（不一定是如图 1 所示，它可以更复杂，也可以更简单）里的所有结点的路线叫"哈密顿圈"。怎么求哈密顿圈、怎么求最短的哈密顿圈，成为一类重要问题。这类问题也叫"货郎担问题"，意思是一个货郎挑着担子卖货，想用最短的路线走遍某个地区的每一个村子。在十分复杂的图里，即使采用高速运算的计算机，寻找最短路线的算法也是很困难的。

有趣的是，让高速计算机一筹莫展的问题，有可能被小小的蜜蜂解决了。2010 年，英国伦敦大学皇家霍洛威学院的研究人员指出，在花丛中飞来飞去的蜜蜂或许能轻易破解"货郎担问题"。他们利用人工控制的假花进行实验，结果显示，无论怎样改变花的位置，蜜蜂在稍加探索后，都能很快找到在不同花朵之间飞行的最短路径。

迷宫

近年来，中国旅游业蓬勃发展，新景点被不断开辟。浙江省就发现了一个诸葛村，成为一个旅游热点。相传，诸葛村为诸葛亮的一支后裔所建，村庄三面环山，只有一条小路通往外界。据说，北伐军当年和军阀在这附近激战了三天三夜，诸葛村居然安然无恙。后来，日本侵略者来了，也不知道深山里还有这么一个村子。其实，敌人即使打进村子里，也只会走得进，出不来。这个村的中心是一个圆形八卦图案，一条弯弯的曲线将这个圆形分成两半，一半是水池，一半是陆地，形成了阴阳两条"八卦鱼"。在"八卦鱼"的眼睛的位置上有两口井。从中心通出 8 条山路，村民们沿山路建造了房屋。8 条山路之间又有复杂的小路连接，有的是活路，有的是死路……据说，这是诸葛村的建造者依照他们的祖先诸葛亮的"八卦阵"设计的。大家知道，在《三国演义》里，东吴的将军陆逊就是被诸葛亮的"八卦阵"困住的。从科学角度讲，"八卦阵"其实就是一座迷宫。

有些欧洲的庭院也常常被设计成迷宫状。图 1 就是一座著名的庄园的地形图。

许多小说里都提到过迷宫。英国作家 W. 司各特的《皇家猎宫》一书里

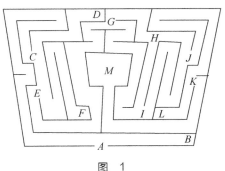

图 1

就有这样的描写：英国国王有位情人叫罗莎蒙德，国王很爱她，就给她建造了一处庭院；这座庭院设计得像个迷宫，道路曲曲弯弯，外人如果不知道庭院的奥秘，走进去一定会迷失方向，再也走不出来；王后十分妒忌罗莎蒙德，总想除掉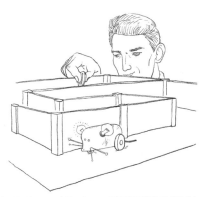她，但就是找不到她；后来，有人向王后告密，利用了迷宫的地图，王后才在结构复杂的庭院里找到了罗莎蒙德的藏身地。

其实，有一个笨办法总可以帮助人们从迷宫中走出来，那就是坚持靠着通道的右边（或左边）走。虽然这个办法笨了些，因为这样走，每一条路都要走两遍，但是人总可以从迷宫中走出来。当然，如果记住一些规则，走迷宫时会快一些。这些规则比较复杂，在很多书中都能找得到。

迷宫是一个古典课题，但对于现代科学来说仍有它的活力。心理学家常常用小白鼠走迷宫来测定某些智力成分。信息论的开创者香农制作了一台被称为"迷宫之鼠"的机器，在这个机器里，"老鼠"能够通过"学习"变聪明，越来越快地在迷宫里找到"奶油蛋糕"。

走迷宫问题在数学里也属于图论范围。1980年，我国数学家洪加威用计算机来处理迷宫问题，取得了很好的成果。有趣的是，洪加威的相关论文写得很幽默，题目是《三个中国人的算法》，文中讲述了祖父、父亲和儿子三个人机智地走出迷宫的办法。

完全正方形和电路

有这么一道趣味数学题：一个老人准备将自己的遗产 ——一块方方正正的土地分给九个儿子，他希望每个儿子都能够得到一块正方形的土地，且面积和每个人的年龄成正比。要申明一点：这九个儿子的年龄各不相同。

这个问题其实涉及如何将一个正方形分割成几个小正方形。

如果一个正方形（或矩形）可以被分割成若干大小不等的正方形（或矩形），那么，这个大正方形（或矩形）就叫作完全正方形（或完全矩形）。

有没有这样的正方形呢？这样的正方形有多少种？给出一个完全正方形，究竟怎样把它分割成小正方形？这个课题曾引起不少数学家的兴趣。可是，直到 20 世纪 30 年代之前，没有人能找到一个完全正方形或完全矩形，为此，一些数学家猜测，完全正方形和完全矩形是不存在的。

1938 年，四位美国学者作出了 69 阶的完全正方形，就是把一个正方形分解成 69 个小正方形。1939 年，德国柏林的施帕拉格找到了由 39 个大小不同的正方形组成的大正方形。后来，在英国剑桥大学学习化学的大学生威廉·托马斯·塔特和他的伙伴们也深深地被这个数学问题吸引，一头扎了进去。他们夜以继日地研究，终于在 1940 年证明了少于 9 个正方形无法拼成一个矩形，即所谓小于 9 阶的完全矩形是不存在的，并且找到仅有的两个 9 阶完全矩形（图 1）。此后，塔特立志研究与完全正方形（矩形）有关的图论，他最终成为誉满全球的图论学家。

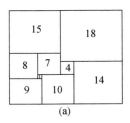 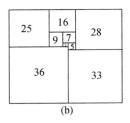

图 1

1940 年，R. L. 布鲁克斯找到了 26 阶的完全正方形，图 2 就是一个 26 阶的完全正方形。1967 年，约翰·威尔逊找到了 25 阶的完全正方形。1960 年，克里斯托弗尔·布坎普等人用电子计算机算出了全部 9 阶至 15 阶的完全矩形。到了 1962 年，荷兰数学家阿德里亚努斯·杜伊维斯廷证明了不存在小于 19 阶的完全正方形。1978 年，他又证明了 20 阶的完全正方形也不存在，并找到了一个 21 阶的完全正方形（图 3）。他还证明了，这一阶数的完全正方形是唯一的。

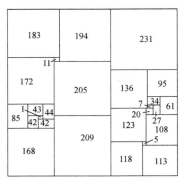 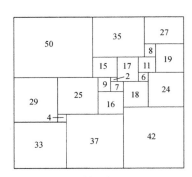

图 2　　　　　　　　　图 3

更有趣的是，完全正方形（矩形）问题竟然和电路有着密切的关系。

在电路中，几条线路交会的地方叫作"结点"。根据电学知识，每一结点流入的电流与流出的电流相等。比如，结点 a 处的流入电流是 69，流出电流也是 25 + 16 + 28 = 69。图 4 是与图 1b 中的完全矩形对应的电路图。图 1b 的矩形的上面的一条边长是 69（表示结点 a 处的流入电流是 69），把这条上底边分成 3 段，构成 3 个边长分别为 25、16 和 28 的小正方形（表示结点 a 处的流出电流分别为 25、16、28）；边长 16 的正方形下端又紧排着边长为 7、9 的两个正方形（表示结点 b 处的流入电流是 16，流出电流也是 7 + 9 = 16）……

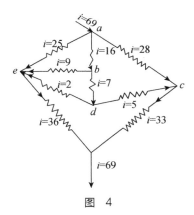

图 4

趣味数学的触角居然伸向了电学领域，多么令人惊讶！数学就是这样，很多例子证明，有些数学问题起初看起来没用处，但后来人们突然就发现它有用了。

完全正方形问题又引出了一个新的难题：如何把一个边数为

整数的正方形分割成若干边数为整数的直角三角形？最先提出这一问题的是日本《数学智力游戏》杂志的编辑铃木昭雄。

1966 年夏天，有人发现了一个解法：把边长为 39 780 的正方形分成 12 个直角三角形。能不能把一个边长更短的正方形分割成块数更少的直角三角形呢？

到 1981 年为止，边长在 1000 以下、分割块数在 10 块以下的解有 20 个。1968 年，日本人熊谷武将边长为 6120 的正方形分割成 5 个直角三角形，创造了分割块数最少的纪录。后来，人们继续改进，将边长为 1248 的正方形分割成 5 个直角三角形（图 5）。1976 年，有人偶然发现了将边长为 48 的正方形分割成 7 个直角三角形的方法（图 6），从而创造了正方形边长最小的纪录。

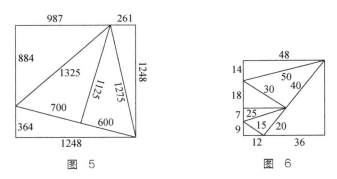

图 5　　　　　　　图 6

这两项纪录能不能再刷新呢？至今没有理论上的证明。我们期待着在不久的将来，这个问题在理论、方法以及应用上都有新的突破。

神奇的莫比乌斯带

扭曲的带子

爱情有时真有点儿说不清、道不明。别人看来两个人很相配，可是他们自己就是谈不拢；别人看来女士才貌双全，而男士各方面都平平，令人有"鲜花插在牛粪上"的感觉，可他们却十分投缘，或许这就是"缘分"吧。说起"缘分"，在古代，还有给婚配双方"排八字"的传统，这当然是迷信的勾当。算命先生一句话，不知拆散了多少有情人！

据说在西方的古时候，也有一种骗人的勾当。想知道男女两人"配"或"不配"、有没有"缘分"，可以用一种圈来测试。

这种圈是这样的：把一条长长的绸带的两头粘在一起，形成一个圈；然后，用剪刀将绸带从中剪开，比如原先绸带的宽为 2 厘米，就沿中缝剪成两条各 1 厘米宽的绸带。如果剪开以后绸带变成两个独立的圈，那就说明这两个人没有缘分。

有的读者可能会纳闷儿，一个圈从中间被剪开，当然会变成两个圈啦！怎么会有别的可能呢？按照这种方法，人人不就都没有"缘分"了吗？

非也！很多人以为，绸带的两头粘在一起的时候是正面接正面、反面接反面的。如果绸带的两头这样粘在一起，的确会被剪成两个圈，那么两个人也就被宣布为"没有缘分"。

然而，被请来进行"缘分测试"的算命师在粘绸带的时候，可以悄悄地做一个小动作：将一端扭转一下，再和另一端接起来，也就是说，将正面和反面接起来。因为绸带的正、反面不仔细看是看不出来的，所以这个小动作不为人所注意。结果，绸带被剪开后可不是成为两个圈，而是一个圈。于是，算命师将这一个大圈套在两个青年的脖子上，就可以宣布他们是有缘人了。所以，这就是一个骗局！

还有一个故事，说的是一个小偷偷了一个农民的东西，被捕获后送到官府。主审法官发现小偷竟是自己那不争气的儿子。主审法官为了避嫌，把此案交给副手处理。但是，他塞给副手一张纸条，正面写着："农民应当关押，小偷应当放掉。"副手看了纸条愤愤不平，心里盘算着怎么能既不得罪上司，又能伸张正义。最后，他想出了一个办法：他把纸条扭曲了一下，用手指将两端捏在一起。这样一来，这两句话就可以连环地读了。于是，副手故意把它读成："应当关押小偷，应当放掉农民。"主审法官气急败坏，但也无可奈何。

莫比乌斯带

将带子扭转一下再粘起来的圈叫作"莫比乌斯带"，是德国数学家莫比乌斯在 1858 年发现的。莫比乌斯带是一条很有意思的带子。

首先，这条带子没有正反面。也就是说，如果有一只小虫从这条带子一面上的某一个地方开始爬行，爬啊爬，不越过带子的边缘，那么它最后会爬到原先出发点的背面。或者，在这样的带子上涂颜色，涂啊涂，最后人们也分不清正反面，把两面都涂成一种颜色了。所以，莫比乌斯带是一种"单侧曲面"（图 1）。

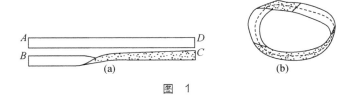

图　1

其次，和前面故事中讲到的一样，将莫比乌斯带沿中缝剪开，得到的不是两个圈，而是一个圈，只是它扭转得更厉害。

在这个基础上再剪开，会得到什么结果？如果将原先的莫比乌斯带一剪为三，情况又会怎样？如果在当初粘住两端的时候，将一端不只扭转一下，而是多扭转几下，再剪开，情况又会如何？读者不妨动手试一试。

莫比乌斯带是数学的一个分支——拓扑学的研究内容。莫比乌斯带有什么实际用处呢？原先它只是一种游戏，后来人们发现，其用处还是不少的。

首先是皮带传动轮，普通的皮带一定是一面先磨损。但是，如果在把传动皮带铰接在一起的时候，先将一端扭转一下，使传动皮带成为莫比乌斯带，那么皮带的磨损将是两面均匀的。

还有不少发明和莫比乌斯带有关。1923 年，一个叫弗列斯特的人设计了一种两面都可以录音的录音带。1966 年，R. L. 戴维斯发明了一种"莫比乌斯电阻器"：将电介质材料扭曲 180° 并连接成一条莫比乌斯带，以此形成一种电阻，将两个导电表面分开。

1981 年，美国科罗拉多大学的戴维·瓦尔巴合成了一种莫比乌斯带形状的分子。

莫比乌斯带的造型独特，也被广泛用于艺术领域中。比如，珠宝师设计了莫比乌斯戒指。在美国华盛顿地区的一个博物馆外，人们竖立了一座钢制的莫比乌斯带雕塑。而美国匹兹堡的肯尼森林游乐园里有一个云霄飞车，其轨道就像一个莫比乌斯带。乘客坐在飞车里颠三倒四地翻腾，一会儿经过"正面"，一会儿跑到"反面"。有句电梯的广告词是"上上下下的享受"，这个云霄飞车则是"正正反反的折腾"啊！

结

一场魔术表演开始了。

在魔术师的指挥下，一位漂亮的小姐被魔术师的助手用绳子绑了起来，并被扔进一个装满了水的玻璃缸里。然后，整个玻璃缸被布遮盖了起来。观众的心一下子揪了起来。胆小的孩子有的蒙住了眼睛，有的两手揪住自己的衣服，好像害怕自己也会被绑起来，被扔进大水缸里似的……观众们不禁心中默想：这位小姐不会被淹死吧？

突然，只听见"砰"的一声，魔术师开了一枪。舞台上出现了刚才那位小姐。

"啊！她没有死！"观众们悬着的心这才放了下来。

过了一会儿，遮盖玻璃缸的布被撤去，玻璃缸里已经没有人了。这位小姐真的"死里逃生"了吗？

魔术总是"假"的。我不干这一行，没有办法揭开这个魔术的秘密。然而，魔术中又常常藏着科学技巧。科学，是实实在在的真东西。大多数魔术就是巧妙地运用了某种科学原理而创造出来的，是真与假的巧妙结合。

在我来看，这位小姐被魔术师的助手用绳子绑起来的时候，那个"结"里可能有文章。图 1 中的结就是一个假结：看起来一个结套一个结，绑得严严实实，其实轻轻一拉，结就一个个脱开了，慢慢还原成一条绳子。这个结叫法洛结。

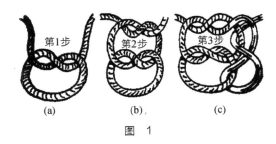

第1步　第2步　第3步

(a)　　　(b)　　　(c)

图　1

结在实际工作中的用处不少：水手在捆绑绳子时，用的是"水手结"；纺纱工人在接上断了的纱线时，打的是"花花结"；售货员把瓶子扣住，用的是"油瓶结"；哪怕是系鞋带，也要打个结……

下面我们来介绍几种结。图 2 中 A 展现的是"平结"，这是最普通的结，将两根绳子接起来捆扎东西时，都会用到它。B 是"扎木结"，是运输木材时用的。C 是"救生结"，顾名思义，是救生时用的。D 是"八字结"，其优点是打结快。E 是"插入结"，这种结可以牢固地缠在竿子上，过后又可以轻松地解开。想拉根绳子晾衣服，这种结是最好不过的了。F 是"渔夫结"，这种结可以"咬"在某个物体上。

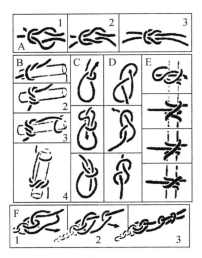

图　2

　　数学家从理论上研究结。在数学里，"纽结理论"属于拓扑学，始于 19 世纪。当时，物理界有一种观点，认为世界是由一种难以捉摸的流淌的"以太"构成的。科学家开尔文爵士认为，原子是存在于"以太"中的一种旋涡、一种结。于是，他企图对结进行分类。开尔文的理论未必正确，却开启了对纽结的数学研究。

　　计算机时代来临之后，科学家用计算机在屏幕上画出各种各样的结，并设法写出它们对应的方程。

　　纽结理论在现代生物学和物理学领域有很大的作用。比如在 20 世纪，遗传学有了突破性的进展。在遗传学里，脱氧核糖核酸（DNA）是遗传密码的携带者。那么，DNA 是什么形状的呢？研究表明，一段 DNA 能够形成圈或者结。真有趣，我们天天在系鞋带，天天在打结，却想不到平凡的打结竟然和基因工程有关。根据一段 DNA 的形状，科学家可以判别它是否会出现在另一段 DNA 的前面，并且可以预测出没有被观察到的 DNA 的结构。现代物理学研究粒子、纽结理论对理解粒子间的相互作用也有很大的帮助。

古怪的雪花曲线

如图 1 所示，画一个正三角形，将正三角形(1)的每一条边三等分。以居中的那一条线段为一底边向外再作等边三角形，然后，以其两腰代替底边，便得到一个六角星形的曲线——这是第一条雪花曲线(2)。之后，将六角星(2)的每一条边三等分，并重复上述的过程，便得到第二条雪花曲线(3)。这个过程可以无限地进行下去。

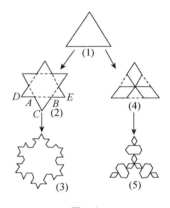

图　1

另外，如果向内作正三角形，得到的雪花曲线(4)和(5)被称为反雪花曲线。这种雪花曲线也可以无限地作下去。

我们来计算雪花曲线的长度和面积。

我们先研究长度。从(1)到(2)，雪花曲线的长度显然增加了。原先的三角形的一边 DE 变成了折线 $DACBE$，折线 $DACBE$ 比 DE

长了 $\dfrac{1}{3}$。所以，曲线的总长也多了 $\dfrac{1}{3}$。即

$$L_2 = \frac{4}{3} L_1,$$

同理，

$$L_3 = \frac{4}{3} L_2 = \left(\frac{4}{3}\right)^2 L_1,$$

$$L_4 = \frac{4}{3} L_3 = \left(\frac{4}{3}\right)^3 L_1,$$

$$\cdots\cdots$$

一般地，有

$$L_n = \frac{4}{3} L_{n-1} = \left(\frac{4}{3}\right)^{n-1} L_1。$$

当 $n \to \infty$ 时，L_n 的极限不存在。

下面，我们再来讨论雪花曲线所围成的面积。

若设原正三角形的面积为 S_1，那么雪花曲线(2)所围成的面积比原三角形面积多了 3 个小三角形。每一个小三角形的边长是原三角形边长的 $\dfrac{1}{3}$，面积应该是原三角形的面积的 $\dfrac{1}{9}$。3 个小三角形的面积当然是原三角形面积的 $\dfrac{1}{3}$。于是

$$S_2 = S_1 + \frac{1}{3} S_1,$$

从(2)到(3)，增加了 12 个更小的三角形，其边长是原三角形的 $\frac{1}{9}$，

所以每个更小三角形的面积是原三角形的 $\frac{1}{81}$，所以

$$S_3 = S_2 + 12 \times \frac{1}{81} S_1$$
$$= S_2 + \left(\frac{4}{3}\right) \times \frac{1}{3^2} S_1。$$

一般地，有

$$S_n = S_{n-1} + \left(\frac{4}{3}\right)^{n-2} \times \frac{1}{3^{n-1}} S_1。$$

当 $n \to \infty$ 的时候，这个数列的极限是存在的。

再来看一下反雪花曲线。它的长度和雪花曲线一样的，是

$$L_n = \frac{4}{3} L_{n-1} = \left(\frac{4}{3}\right)^{n-1} \times L_1。$$

它的面积则是

$$S_n = S_{n-1} - \left(\frac{4}{3}\right)^{n-1} \times \frac{1}{3^n} S_1。$$

这里出现了一件古怪的事：当雪花曲线无限地在平面上"舒展"的时候，其长和宽是无限的，而其面积却是有限的。

雪花曲线是由德国数学家冯·科赫在 1904 年发明的，也被称为科赫曲线。自此之后，雪花曲线引起了人们的注意。1975 年，一个新的数学分支——分形几何诞生了，进一步揭示了雪花曲线

的内涵。特别是，人们使用计算机创造出了许多和雪花曲线类似的古怪而美丽的图形。这些古怪的图形如此惊人，被称为"数学的怪物"。

这种古怪的东西有什么用处呢？甚至数学家也会问这种问题。一开始，人们以为这类曲线是数学家们创造出来的东西，并不存在于现实世界中，因此，这些图形应该没有什么用处。但是，人们后来发现，我们不仅遇见过这些"怪物"，而且我们利用计算机知道了分形几何是一种基本结构——自然界中那些不规则的现象和形状的基本结构。事实上，科学家已经用分形理论研究了海岸线的长度。1967 年，曼德尔布罗在美国《科学》杂志首次发表了《英国的海岸线有多长？》的论文，震惊了整个学术界。

从欧几里得到罗巴切夫斯基

欧氏几何的"污点"

一些西方国家的学者认为，几何学起源于古埃及。古埃及文明的"母亲河"——尼罗河常常泛滥，洪水把耕地淹没，人们死的死，逃的逃。洪水一退，外逃的人们回来了，可哪一块土地是我的，哪一块土地是你的呢？人们不得不重新测定土地。就这样，几何学诞生了。其实，各个文明在与大自然的斗争中都积累了一定的几何知识。比如，中华民族也在长期的生产实践中掌握了大量几何知识。西安市的半坡遗址博物馆里就陈列着许多绘制着菱形、方形等图案的陶器。春秋战国时期的墨子早就给圆下了一个定义："圆，一中同长也。"

让几何知识形成一个完整体系的人是欧几里得。欧几里得是古希腊的数学家，人们对他的生平事迹所知甚少。欧几里得生于大约公元前 330 年，他写了一本《几何原本》，把当时古希腊的几何知识汇集在一起。而且，他所做的不是简单地汇集知识，而是从一些原始概念和公理出发，推证出一系列定理，使几何知识形成一个严密的体系。

后来，《几何原本》由明代的徐光启和传教士利马窦首次翻译成中文，被介绍到中国来。我们在中学里学习的平面几何，基本上仍然遵循《几何原本》的体系。我所在的上海市徐汇区就是徐光启的故乡。这个区的徐家汇街道保留了徐光启的坟墓和后人为纪念他而树立的塑像。利马窦之墓在北京，我也曾经去瞻仰过。

大家对《几何原本》里的众多公理都没有意见，唯独对欧几里得第五公设的意见很大，认为它不像公理，而像一条定理。把它作为公理放在《几何原本》里，是《几何原本》的一个"污点"。

第五公设又称平行公理，用现在的等价公理来表达是这样的："过直线外的一点，能且只能作一条直线和它平行。"

很多数学家认为第五公设不像公理，而像一条定理，因此企图证明它。在欧几里得以后的 2000 多年里，数学家从未间断过这一努力，有人甚至花了毕生的精力，想把它证出来，可是没有成功。

19 世纪初期，有一位叫罗巴切夫斯基的俄国数学家，起初，他对第五公设也有疑问，也想证明它，而且他自认为找到了一个证法。可是后来，他发觉这个证法有错误，就没有把这个"证明"编进自己的讲义。然而，他仍不死心，想用反证法证明平行公理。因此，他假定"过直线外一点可以作两条以上的直线和它平行"，然后进行了一系列推理。他本来希望得出矛盾，从而推翻自己的假定，借此证明第五公设成立。但是，他推啊推，竟然导出一套定理，逻辑上没有自相矛盾的地方。这样一来，就形成了建立在崭新的公理——过直线外一点可以作两条以上的直线和它平行——之上的一套几何知识体系，这就是非欧几里得几何学的一种——罗巴切夫斯基几何。

罗巴切夫斯基的这一成果是革命性的，所以后人称他为"几何学里的哥白尼"。罗巴切夫斯基当年的处境却很惨，受尽了同行们的讽刺和打击。但是，他以大无畏的精神捍卫自己的新思想。他第一次写出的非欧几何论文在交付审查时竟被评委们遗失了。自 1829 年他的著作出版以后，他就不断宣传自己的理论，直到逝世前一年，他在失明的情况下，还口授写成了最后一本著作。

鲍耶·亚诺什和黎曼

　　对非欧几何做出杰出贡献的还有罗巴切夫斯基的同代人——匈牙利人鲍耶·亚诺什。鲍耶的父亲老鲍耶是大数学家高斯的同学，曾经致力于平行公理的证明，却毫无收获。年轻的小鲍耶对第五公设也很感兴趣，老鲍耶知道后，立即写信给他，希望他放弃这个课题。老鲍耶说："它会剥夺你所有的时间，剥夺你的健康，剥夺你的幸福，这个地狱般的黑洞将吃掉成千个像牛顿一样的人……"小鲍耶没有听从父亲的劝告，经过努力，也终于创立了非欧几何。他的论文发表了，只比罗巴切夫斯基晚了三年。

　　小鲍耶将论文寄给高斯。高斯看了论文后，说这个匈牙利青年有很高的天分，又说他"和自己四十年来思考所得的结果不约而同"。小鲍耶的心胸不太开阔，他还以为高斯想剽窃自己的成果。到了 1840 年，当他读到罗巴切夫斯基的论文的翻译版时，更是意志消沉，从此就不再发表任何数学成果了。无论是父亲恫吓式的劝告还是工作中的困难都没有使他停止研究，但他反而栽在了自己手里，真是可惜。

　　高斯确实研究了非欧几何，并取得了一点儿成果，但是，他生前从来没有发表过这方面的任何论文。这是因为他怕在社会上引起巨大反响，他是个明哲保身的人。

后人认为，虽然罗巴切夫斯基、鲍耶·亚诺什和高斯这三个人都独立地发现了非欧几何，但高斯和鲍耶的贡献都无法和罗巴切夫斯基相比。

罗马切夫斯基对传统欧几里得几何动了"手术"，这使后来的数学家打破了迷信：原来这个"欧氏殿堂"是可以冲击一下的。所以，数学家们纷纷从各种角度对欧几里得几何进行革新。

1854 年，黎曼构造了另一种非欧几何——黎曼几何。黎曼几何也是改变了欧几里得几何的平行公理，不过他是从另一个方向改变的，他假定："过直线外一点，不可能作直线和它平行。"从这点出发，他也推出了一个不自相矛盾的体系。

在非欧几何里，许多性质发生了变化。譬如，三角形的内角和在欧氏几何里等于 180°，在罗氏几何里小于 180°，而在黎曼几何里则大于 180°。

没有非欧几何就没有相对论

有人或许会问：欧氏几何的用处是实实在在的，罗氏几何和黎曼几何有什么用处呢？

用处可大呢！可以这样说，没有非欧几何，就没有爱因斯坦的相对论。

爱因斯坦的相对论指出，物理空间在巨大的质量附近会弯曲。比如，我们在地球上某一点 O 观察某两颗恒星 A 和 B，设 $\angle AOB = \theta$。

如果爱因斯坦的理论不成立，那么，不管有没有太阳的干扰，θ 的值应该不变；如果他的理论成立，那么在有太阳干扰时和没有太阳干扰时，θ 的值应该有变化。但是在正常情况下，相关证明的实验是很难进行的。因为在强烈的阳光下，人们根本看不到恒星 A 和 B。这项实验只能在日全食发生的时候才能实施。

1919 年，西非发生了日全食。一支英国天文学考察队伍前往西非的普林西比群岛进行实地观察。结果，科考人员发现 θ 的值在有太阳和没有太阳的情况下相差 $1.61'' \pm 0.30''$。而爱因斯坦的理论计算指出，这两个值应该相差 $1.75''$，误差甚小。

不要小看这小小的 1 点几秒，这一点差距足以说明太阳的巨大质量确实使恒星 A 和 B 射来的光线发生了弯曲，从而证实了爱因斯坦的相对论的正确性。这同时也说明，宏观地看，我们其实生活在三角形内角和不等于 180°的空间里，也就是说，我们生活在非欧几何的空间里。

庞加莱猜想与疯子数学家

庞加莱与面包圈

2019 年，一次数学考试中出现了这样一道题。

一位名叫亨利·庞加莱的法国数学家每天都吃面包，并经常光顾一家面包店。面包师声称，他卖给顾客的面包的平均质量是 1000 g，上下浮动 50 g。庞加莱动了一个念头，决定对这家面包店的面包进行质量监控。于是他每天都来这家店里买面包，对面包称重并记录下质量。如果面包师有偷工减料的行为，庞加莱就要举报给质检部门，而面包师只能接受处罚并改正错误。

题目中的这位较真的法国数学家亨利·庞加莱到底是谁？可惜，很多学生往往对课本和考题之外的"窗外事"不闻不问，对国外近现代数学家和数学成就也十分陌生。知晓庞加莱这个名字的人也许不多，其实，庞加莱是近代数学史上一位伟大的数学家，他提出过著名的"庞加莱猜想"，而这个猜想就与面包圈有关系。1904 年，庞加莱提出了一个拓扑学的猜想："任何一个单连通的、封闭的三维流形一定同胚于一个三维的球面。"

我们试着解释一下：一个封闭的三维流形是一个没有边界的三维空间；单连通指的是，这个空间中的每条封闭曲线都可以连续地收缩成一点，或者说，在一个封闭的三维空间中，假如每条封闭曲线都能收缩成一点，那么这个空间就一定是一个三维球面。

即使经过这样的解释，这段话对很多读者来说还是很难理解。于是，有人打了个形象的比方，或许可以帮助大家理解。

过去，大多数人认为地球是平坦的，但也有人不相信这一点。1519 年，麦哲伦带领船队从欧洲出发，一路西行。在三年后，船队回到了出发地。于是，他用这种方法证明了地球是圆的。但又有人说，船队转了一圈回来，就能说明地球是圆的吗？那不一定吧。如果地球是"面包圈"形的（图 1），那么麦哲伦也可能在转一圈后回到出发地啊。后来，人类飞出了地球，从太空中观看，才确认地球的确是球形的。

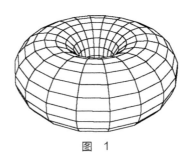

图　1

那么，浩瀚的宇宙又是什么形状呢？人类目前没有本事飞出宇宙再回头看，于是，有人提出一个思想实验：在一颗子弹的尾部捆上一根足够长的绳子，把子弹射向太空。子弹环绕宇宙一圈后回到地球，而绳子也就围绕宇宙转了一圈，形成一个绳圈。然后，我们用手拉着绳圈的两头使劲往回扯。如果宇宙是球形的，那么这个绳圈最终会收回地球——根据庞加莱猜想，如果绳圈可以收回地球，则宇宙一定是球形的。但如果宇宙是"面包圈"形的，那么绳圈会被中间的孔洞挡住，无法收回。

千禧难题

庞加莱猜想诞生近百年，一直没有进展，成了一个著名的难题。之前说过，数学界有好多难题。比如在 1900 年，希尔伯特提出的 23 个问题指引了 20 世纪数学的发展方向，成为 20 世纪众多数学家的奋斗目标。如今，这些问题中的大部分得到了解决。而庞加莱猜想提出的时间是 1900 年之后，所以没有跻身这 23 个问题。

庞加莱提出这个猜想后，一度自认为已经证明了它。但没过多久，证明中就暴露了问题。后来，不少数学家都研究过这个问题，但都铩羽而归。希腊有一位数学家叫帕帕奇拉克普罗斯，大家都亲切地叫他"帕帕"，他在 1964 年获得维布伦奖。然而，这位聪明的拓扑学家最终倒在了证明庞加莱猜想的过程中。直到 1976 年去世前，帕帕仍在试图证明庞加莱猜想。临终之时，他把一叠厚厚的手稿交给了一位数学家朋友，但朋友只翻了几页，就发现了其中的错误。但这位朋友没有吭声，让帕帕安静地离去了。

虽然问题没有解决，但是，有好几位数学家因为研究庞加莱猜想而获得了菲尔兹奖。庞加莱猜想可真是一只能"下金蛋的母鸡"啊！

千禧之年来临之际，世上已经没有一个像希尔伯特这样的全能数学家来提出重要而有导向性的数学难题了。这时，美国克雷数学研究所集思广益，从众多数学家那里征集建议，提出了七大问题，并为每个问题设立了一百万美元的奖金，以此鼓励大家解决难题。在这些被称为"七大千禧年难题"的问题之中，就有庞加莱猜想。

"数学怪人"佩雷尔曼横空出世

众多数学家奋斗近百年也没能解决庞加莱猜想，但就在 21 世纪开始不久的 2003 年，它被一个"怪人"撬动了——俄罗斯数学家格里戈里·佩雷尔曼证明了这一猜想的三维情形。2006 年，数学界最终确认佩雷尔曼证明了庞加莱猜想。

佩雷尔曼仅在网络上发表了自己的研究成果，并没有将之写成正规的论文，发表在学术杂志上。人们想：数学界又出了个疯子。一个举世瞩目的难题，就这么被三篇放在网上的简短论文解决了？

佩雷尔曼写的论文极其简略，同行们审读之后，一时无法确定其证明正确与否。于是，数学家们开始阅读、解释并补全了他的证明。经过三年的努力，朱熹平、曹怀东发表了 592 页的长文，田刚、摩根发表了 473 页的长文，克莱因、洛特发表了 194 页的长文。这些论文的结论就是：这位老兄的结论竟然是正确的！证明的解释和补充都如此艰辛，可证明本身被佩雷尔曼用三言两语就解决了。佩雷尔曼，你真酷！

同样是简短扼要、难以读懂的论文，佩雷尔曼最终有人赏识，而伽罗瓦和阿贝尔当年却多么不幸——他们生前竟无人读懂他们的论文。

2003 年，在发表了重大研究成果之后不久，这位大胡子学者就从人们的视野中消失了。佩雷尔曼拒绝了克雷数学研究所奖励他的一百万美元，甚至拒绝了菲尔兹奖。别人梦寐以求的荣誉和奖金，他却不以为意，大有视名利为粪土的傲气。

　　2005 年，正当事业顺风顺水的时候，佩雷尔曼突然从所在的研究所辞职，留下一份没有写明任何理由的辞职信。他说自己"对数学不再感兴趣，也无意再涉足该领域"。他几乎切断了与外界的所有联系，再一次像幽灵一样消失了。据说，佩雷尔曼平时不愿意和任何人来往，吃住条件十分简单，甚至可以说寒酸。如此知名的一个数学家却过着像乞丐一般的生活，你说这人怪不怪？所以，佩雷尔曼才有了"数学怪人"的称号。庞加莱猜想解决了，但解决庞加莱猜想的佩雷尔曼在何方？有人说，这是一个新的猜想①。

　　顺便说一句，除了庞加莱猜想外，七大千禧年难题中的其余六个问题还没有解决。亲爱的读者，你们想试试吗？

---

① 参见《庞加莱猜想：追寻宇宙的形状》（人民邮电出版社，2015 年）。